中国石油大学（北京）学术专著系列

致密油气储层岩石物理相
测井评价方法及应用

王贵文　赖　锦　信　毅　等　编著
庞小娇　王　松　李　栋

科学出版社

北京

内 容 简 介

本书基于岩石物理相的致密油气储层主控因素分析与测井评价方法，以"相控论"为指导，从沉积微相、成岩相和孔隙结构、裂缝发育等方面揭示致密油气储层品质主控因素。在阐明致密油气储层品质主控因素的基础上，发展完善了岩石物理相的理论体系，提出了致密油气储层岩石物理相的测井表征方法，并分别以塔里木盆地库车拗陷白垩系巴什基奇克组致密砂岩气储层和鄂尔多斯盆地合水地区延长组长 7 段致密油储层为例，详细阐述岩石物理相方法理论体系、测井评价方法及其在致密油气储层综合评价和有利发育区带预测中的应用。

本书可作为石油高等院校相关专业的参考书，也可供油田等生产单位生产人员和科研人员参考使用。

图书在版编目（CIP）数据

致密油气储层岩石物理相测井评价方法及应用/王贵文等编著. —北京：科学出版社，2023.7

（中国石油大学（北京）学术专著系列）

ISBN 978-7-03-074289-6

Ⅰ.①致… Ⅱ.①王… Ⅲ.①致密砂岩–砂岩储集层–岩体测井 Ⅳ.① P618.130.8

中国版本图书馆 CIP 数据核字（2022）第 240978 号

责任编辑：万群霞 冯晓利/责任校对：王萌萌
责任印制：赵 博/封面设计：无极书装

科学出版社 出版

北京东黄城根北街 16 号
邮政编码：100717
http://www.sciencep.com

北京建宏印刷有限公司印刷
科学出版社发行 各地新华书店经销

*

2023 年 7 月第 一 版 开本：720×1000 1/16
2024 年 10 月第二次印刷 印张：9 1/2
字数：191 000

定价：198.00 元
（如有印装质量问题，我社负责调换）

科技立则民族立，科技强则国家强。党的十九届五中全会提出了坚持创新在我国现代化建设全局中的核心地位，把科技自立自强作为国家发展的战略支撑。高校作为国家创新体系的重要组成部分，是基础研究的主力军和重大科技突破的生力军，肩负着科技报国、科技强国的历史使命。

中国石油大学（北京）作为高水平行业领军研究型大学，自成立起就坚持把科技创新作为学校发展的不竭动力，把服务国家战略需求作为最高追求。无论是建校之初为国找油、向科学进军的壮志豪情，还是师生在一次次石油会战中献智献力、艰辛探索的不懈奋斗；无论是跋涉大漠、戈壁、荒原，还是走向海外，挺进深海、深地，学校科技工作的每一个足印，都彰显着"国之所需，校之所重"的价值追求，一批能源领域国家重大工程和国之重器上都有我校的贡献。

当前，世界正经历百年未有之大变局，新一轮科技革命和产业变革蓬勃兴起，"双碳"目标下我国经济社会发展全面绿色转型，能源行业正朝着清洁化、低碳化、智能化、电气化等方向发展升级。面对新的战略机遇，作为深耕能源领域的行业特色型高校，中国石油大学（北京）必须牢记"国之大者"，精准对接国家战略目标和任务。一方面要"强优"，坚定不移地开展石油天然气关键核心技术攻坚，立足油气、做强油气；另一方面要"拓新"，在学科交叉、人才培养和科技创新等方面巩固提升、深化改革、战略突破，全力打造能源领域重要人才中心和创新高地。

为弘扬科学精神，积淀学术财富，学校专门建立学术专著出版基金，出版了一批学术价值高、富有创新性和先进性的学术著作，充分展现了学校科技工作者在相关领域前沿科学研究中的成就和水平，彰显了学校服务国家重大战略的实绩与贡献，在学术传承、学术交流和学术传播方面发挥了重要作用。

科技成果需要传承，科技事业需要赓续。在奋进能源领域特色鲜明世界一流研究型大学的新征程中，我们谋划出版新一批学术专著，期待学校广大专家学者继续坚持"四个面向"，坚决扛起保障国家能源资源安全、服务建设科技强国的时代使命，努力把科研成果写在祖国大地上，为国家实现高水平科技自立自强，端稳能源的"饭碗"做出更大贡献，奋力谱写科技报国新篇章！

中国石油大学（北京）校长

2021 年 11 月 1 日

前　言

　　笔者的测井地质学研究团队一直致力于储层地质学和测井地质学综合研究，近十年来在国家科技重大专项、国家自然科学基金项目和石油公司横向课题的支撑下，在致密油气储层品质主控因素分析和测井综合评价方面取得了一系列创新性成果。同时，参阅了国内外专家出版的大量专著和文章，系统归纳与总结后编写了本书，主要内容有：第一，分别以库车拗陷白垩系巴什基奇克组致密气储层和鄂尔多斯盆地合水地区延长组长 7 段致密油储层为例，从沉积微相、岩性岩相、成岩相、孔隙结构和裂缝相角度揭示了致密油气储层品质主控因素；第二，分别建立了基于常规、成像和核磁共振等新技术测井相结合的岩性岩相、成岩相、孔隙结构和裂缝相的测井识别与评价方法；第三，基于"相控"叠加方法，实现了岩石物理相的综合划分与定量表征，阐明了岩石物理相对储层物性和微观含油气性的控制作用；第四，将岩石物理相方法理论体系应用于致密油气储层区域评价和预测工作，通过岩石物理相优选单井与平面上优质储层分布规律。

　　全书共七章，前言由王贵文和赖锦撰写；第 1 章由赖锦、王贵文、肖承文、信毅、崔玉峰、周正龙、冉冶、赵仪迪、蒋其君、赵飞、黄玉越、田银宏等撰写；第 2 章由赖锦、肖承文、信毅、李栋、赵仪迪、李红斌、苏洋、赵飞、黄玉越、田银宏等撰写；第 3 章由赖锦、王贵文、肖承文、信毅、凡雪纯、冉冶、赵仪迪、陈晶、王抒忱撰写；第 4 章由赖锦、王贵文、肖承文、信毅、王凯、王松、张永辰撰写；第 5 章由赖锦、王贵文、庞小娇、张永辰、李红斌、赵飞、苏洋、黄玉越、田银宏等撰写；第 6 章由赖锦、王贵文、庞小娇、周正龙、李栋、赵仪迪、陈晶、李红斌撰写；第 7 章由赖锦、王贵文、庞小娇、周正龙、王松、崔玉峰、黄玉越、赵飞、田银宏、李红斌撰写；全书由王贵文统编定稿。

　　在本书撰写的过程中，得到了中国石油塔里木油田公司、中国石油长庆油田分公司和中国石油勘探开发研究院等单位领导和专家的大力支持，编写过程中得到了许多石油地质学家、测井地质学家和其他科技工作者的指导和帮助，同时参考了国内外同行的众多论著，在此一并表示衷心感谢。

　　本书受到国家"十二五"国家科技重大专项"复杂油气藏测井综合评价技术、配套装备与处理解释软件"的子课题"低渗透碎屑岩储层品质与岩石物理相测井评价方法"（2011ZX05020-008）和国家自然科学基金项目"致密砂岩储层成岩相测井识别方法研究"（41472115）的资助。

　　限于作者水平，本书难免存在不完善之处，敬请读者批评指正。

作　者

2022 年 10 月

目　录

丛书序

前言

第 1 章　岩石物理相方法理论体系 …………………………………………… 1

  1.1　岩石物理相概念的内涵与外延 ………………………………………… 1

    1.1.1　岩石物理相的提出及发展历程 ………………………………… 2

    1.1.2　相关术语的辨析 ………………………………………………… 2

  1.2　致密油气储层 …………………………………………………………… 4

  1.3　岩石物理相控制因素 …………………………………………………… 7

  1.4　岩石物理相划分与表征方法 …………………………………………… 10

    1.4.1　岩石物理相的划分 ……………………………………………… 10

    1.4.2　岩石物理相表征方法 …………………………………………… 13

  1.5　岩石物理相主要应用领域 ……………………………………………… 14

第 2 章　岩性岩相的地质分类、表征参数及其测井识别方法 …………… 16

  2.1　储层岩性岩相的分类体系 ……………………………………………… 17

    2.1.1　库车拗陷白垩系巴什基奇克组岩性岩相特征 ………………… 17

    2.1.2　鄂尔多斯盆地合水地区延长组长 7 段岩性岩相特征 ………… 26

  2.2　岩性岩相的测井表征方法 ……………………………………………… 32

    2.2.1　库车拗陷巴什基奇克组 ………………………………………… 32

    2.2.2　鄂尔多斯盆地延长组长 7 段 …………………………………… 34

    2.2.3　单井岩性岩相测井识别 ………………………………………… 36

第 3 章　成岩相的地质分类、表征参数及其测井识别方法 ……………… 43

  3.1　成岩相研究内容、控制因素与分类命名体系 ………………………… 43

3.2 库车拗陷巴什基奇克组储层成岩相划分与测井判别 ····················· 45

    3.2.1 压实致密相 ······················· 46

    3.2.2 伊蒙混层充填相 ····················· 46

    3.2.3 碳酸盐胶结相 ····················· 46

    3.2.4 不稳定组分溶蚀相 ··················· 48

    3.2.5 成岩微裂缝相 ····················· 48

3.3 储层成岩相测井响应特征分析 ····················· 49

3.4 单井成岩相测井识别 ····················· 51

3.5 鄂尔多斯盆地延长组长 7 段致密油储层成岩相划分 ········· 53

    3.5.1 压实致密相 ······················· 53

    3.5.2 碳酸盐胶结相 ····················· 53

    3.5.3 黏土矿物充填相 ····················· 54

    3.5.4 不稳定组分溶蚀相 ··················· 55

3.6 鄂尔多斯盆地延长组致密油储层成岩相测井判别 ············· 55

第 4 章 裂缝相的地质分类、表征参数及其测井识别方法 ············· 59

4.1 裂缝发育影响因素 ····························· 59

    4.1.1 构造应力场 ······················· 60

    4.1.2 岩性岩相 ······················· 60

    4.1.3 非均质性和流体压力 ··················· 61

4.2 储层裂缝发育特征及分类方案 ····················· 61

    4.2.1 露头及岩心观察 ····················· 61

    4.2.2 测井解释分类 ····················· 62

    4.2.3 储层裂缝相综合分类命名 ················· 63

4.3 裂缝相测井识别评价方法 ························· 64

    4.3.1 岩性测井 ······················· 65

    4.3.2 孔隙度测井 ······················· 65

    4.3.3 电阻率测井 ······················· 67

    4.3.4 声波全波列测井 ····················· 68

    4.3.5 地层倾角测井 ····················· 70

    4.3.6 成像测井 ······················· 71

    4.4   裂缝相综合测井识别与划分 ······················· 73

第 5 章   孔隙结构相的地质分类、表征参数及其测井识别方法 ············· 76

    5.1   巴什基奇克组储层孔隙结构特征及分类 ················· 76

        5.1.1   孔隙、喉道及孔喉组合特征 ················· 76

        5.1.2   孔隙结构分类 ····························· 80

    5.2   延长组长 7 段致密油孔隙结构特征及分类 ··············· 84

        5.2.1   孔喉组合特征 ····························· 84

        5.2.2   孔隙结构分类 ····························· 85

    5.3   储层孔隙结构相测井识别 ······················· 88

        5.3.1   孔隙结构相表征参数提取及测井表征方法 ········· 88

        5.3.2   孔隙结构相测井表征方法建立 ··············· 89

        5.3.3   单井孔隙结构相测井评价 ················· 91

第 6 章   岩石物理相分类命名、定量表征及其对储层有效性控制 ········· 94

    6.1   岩石物理相分类命名方案 ······················· 94

    6.2   库车拗陷致密砂岩气储层岩石物理相定量分类 ··········· 95

        6.2.1   岩性岩相对储层质量控制 ················· 96

        6.2.2   成岩相对储层质量控制 ··················· 98

        6.2.3   裂缝相对储层产能控制 ··················· 99

        6.2.4   孔隙结构相对储层质量控制 ················ 101

    6.3   岩石物理相定量表征方法 ······················ 101

    6.4   合水地区延长组长 7 段致密油储层岩石物理相定量分类 ······ 103

    6.5   岩石物理相聚类分析 ························· 109

    6.6   岩石物理相对储层有效性控制 ··················· 111

第 7 章   基于岩石物理相的优质储层预测 ·················· 114

    7.1   各单井纵向上岩石物理相分布规律 ················· 114

    7.2   岩石物理相横向剖面对比分析 ··················· 118

    7.3   岩石物理相平面分布规律 ······················ 120

参考文献 ··· 127

第 1 章

岩石物理相方法理论体系

1.1　岩石物理相概念的内涵与外延

20 世纪 90 年代以来，随着国内陆相含油气盆地油气勘探程度的不断提高，以岩性地层为主的隐蔽油气藏已经成为其增储上产、开拓油气勘探领域新局面的主要目标。勘探目标和理念的转变对碎屑岩储层的沉积、成岩和构造改造一体化研究提出了更深层次的要求，由于隐蔽油气藏中油气的分布与富集主要受有利储集相带的控制，是若干有利相耦合作用的产物，即"优相"控藏。因此在烃源岩、构造背景和输导体系等成藏地质条件基本明确的前提下，优选决定有效储集体形成和分布的有利沉积相、成岩相和裂缝相带等成为该阶段油气勘探的重点和核心。而在开发方面，多数油田相继进入开发中后期，呈现出油田高含水、高采出程度和剩余油高度分散的特征，且受储层非均质性的影响，地下仍残余相当一部分可动油，提高采收率和挖潜可动剩余油，是当前一些油田油气开发的主要任务。提高油气勘探的成功率和开发阶段的采收率，即如何成功地开发新油田和对老油田进一步挖潜以提高油气采收率，也是现今中国石油工业面临的两大主要课题。

近 20 年来，由于常规油气资源难以满足世界经济对能源持续增长的需求，加之油气勘探开发理论的不断发展和技术的不断创新，致密油气等非常规油气资源显示出巨大的潜力和前景。近十年，伴随我国经济的突飞猛进，对致密砂岩储层的勘探和研究进行得如火如荼，但致密砂岩超低孔、超低渗、低丰度及连续成藏的特点，为储层质量的评价提出了严峻的挑战。其中，致密砂岩储层通常是指孔隙度小于 10%，常压下空气渗透率小于 $1 \times 10^{-3} \mu m^2$ 的砂岩储层，其岩性致密，喉道半径小，需要较大驱动压力，仅依靠常规技术难以开采，需要在经济可采背景下，利用必要的技术措施才可获得工业石油产能。随着全球常规油气资源产量的不断下降与能源需求的不断上升，具有巨大潜力的非常规油气资源受到越来越多的关注。中国致密油资源丰富，发展潜力大，致密砂岩油气分布的主要盆地有鄂尔多斯盆地、塔里木盆地、四川盆地、松辽盆地、柴达木盆地、渤海湾盆地、准噶尔盆地、酒泉盆地。针对该类致密油气储集层，亟须阐明储集层品质主控因素并建立匹配的测井识别与评价方法。

1.1.1 岩石物理相的提出及发展历程

在油藏描述和复杂储层及致密储层评价的实践过程中，油气地质工作者们逐渐认识到储层属性的好坏往往不取决于单一的因素，而是各种地质条件，包括沉积作用、成岩作用和后期构造改造作用等因素综合作用的结果。鉴于此，熊琦华于 1994 年提出了储层岩石物理相概念，并将其定义为多种地质作用形成的储层成因单元，是沉积作用、成岩作用和后期构造改造作用的综合效应。岩石物理相充分考虑了储层的宏观岩性和物性特征，并高度概括了储层微观孔隙结构特征，它不仅反映岩石物理特征，还能体现一定的环境，把储层岩性、物性和孔隙结构这些宏观和微观特征紧密联系起来，使定量研究沉积、成岩和构造的综合作用对储层性能的影响成为可能，自其提出伊始，就在油气勘探开发的各个环节得到广泛应用。

徐建山（1990）将岩相称为岩石物理相，虽没有明确地对其加以定义，但指出未来的发展趋势将由单纯的沉积环境分析向沉积相与岩石物理相结合转化。

Spain（1992）以压汞曲线上进汞饱和度 35% 时所对应的孔喉半径将得克萨斯州沃克县樱桃谷组斜坡扇-盆地扇砂岩相和粉砂岩相在单井剖面上划分出三种岩石物理岩类。

Amaefule（1993）将"孔隙几何形状相"定义为岩石物理相。

张一伟等（1994）认为，岩石物理相为沉积作用、成岩作用和后期构造作用的综合效应，它最终表现为现今的孔隙几何学特征——孔隙模型。

姚光庆等（1995）将其定义为一定规模储层岩石物理特征的综合，是流体流动单元的最基本岩石单元，是沉积作用、成岩作用及构造作用对岩石共同作用的综合反映。

杨华等（2003）认为，岩石物理相是具有相似的孔隙几何学特征的地层成因单元，是沉积、成岩和后期构造等作用对储层改造的综合响应。

熊琦华等（2009）进一步定义岩石物理相为具有一定岩石物理性质的储层成因单元，是沉积作用、成岩作用和后期构造改造作用的综合响应。

1.1.2 相关术语的辨析

前已述及，尽管上述众多专家学者对岩石物理相有不同的定义和理解，但有一点是明确的：储层岩石物理相应具有地质"相"的内涵，它既能反映储层岩石物理特征，又能体现形成于一定的环境，因而具备预测功能；相较而言，流动单元仅仅反映储层的岩石物理和流体渗流特征，但没有对其成因加以考虑，因此并不具有"相"的含义，这也是岩石物理相与流动单元的本质区别。熊琦华等（1994）研究指出，划分储层岩石物理相可以用于预测流动单元的分布，因此，岩石物理相研究应是流动单元研究的一部分甚至全部。总体而言，流动单元的边界与岩石物理相的边界并不总是一致，一个岩石物理相可包含几个流动单元，而同一类流动单元又可以是几个岩石物理相的叠加或复合。

岩石物理学与地震技术方法相结合，形成了一门新的学科——地震岩石物理学，即研究岩石物理性质与地震响应之间关系的一门学科，成为把地震解释与油气藏特性参数相连接起来的桥梁，主要通过探讨不同温度压力条件下岩性、孔隙度和孔隙流体等对岩石弹性性质的影响，分析地震波传播规律，从而建立各岩性参数、物性参数与地震速度和密度等弹性参数之间的关系。由其定义可知，地震岩石物理与储层岩石物理相的区别主要在于二者的研究尺度（分辨率）和观测方式不同，地震岩石主要是通过地面地震的手段研究油田尺度的岩石物理特征，其纵向分辨率低，而储层岩石物理相主要依赖于井孔中的取心及测井资料，可在孔隙尺度上分析岩石的成分、结构、流体性质等对岩石物理特征的影响；纵向上分辨率高，通过地震岩石物理学研究有利于储层的横向预测。

要实现对不同规模储层的质量评价：第一，应充分利用岩心薄片等分析化验资料对岩石物理相进行地质分类，并结合测井资料，对已归类的岩石物理相进行测井响应特征的定性分析，选择与提取能够表征储层特征的敏感测井曲线组合。第二，分别利用作为地下地质信息载体的测井和地震资料来表征不同的储层岩石物理相。第三，以岩心资料检验刻度测井资料，并以测井资料刻度地震资料，最终确定油田规模、油组规模、小层规模乃至单砂体规模的储层岩石物理相，实现优质储集体的纵向和横向预测等目标。

上述众多专家学者从不同侧面对岩石物理相展开了深入研究，并对其有不同的定义和理解，但有一点是明确的，即岩石物理相具有地质"相"的内涵，它既能反映现今可观测到的储层宏观或微观岩石物理特征，同时又能指示形成这种岩石物理特征的地质成因机理，因而岩石物理相具备地质"相"的预测功能。相比较而言，概念上与岩石物理相有重叠的流动单元则仅仅反映储层的岩石物理和流体渗流特征，但没有对其成因加以考虑，因此并不具有"相"的含义，这也是岩石物理相与流动单元的本质区别。

笔者在对众多专家学者的定义深入理解基础上，认为岩石物理相应具有如下几个特征：①岩石物理相首先是一个成因单元，是沉积、成岩和后期构造等多种地质综合效应的结果，因而具备地质相的概念，有预测功能；②岩石物理相是可以根据其控制因素（沉积、成岩和构造）按照一定的准则细化的，区别和划分不同岩石物理相的基础是其岩石物理性质的差异，既包括岩石岩性、成分、结构和构造的差异等，也包含其孔隙度、渗透率和饱和度等的差异；③岩石物理相研究的目的应主要集中在储层参数计算、优质储集体和剩余油分布规律预测等方面，这需要充分利用岩心、测井资料并结合相关理论的指导，从而对岩石物理相进行剖面展开和平面成图。

1.2 致密油气储层

致密砂岩气是指储集于低孔隙度（小于10%）和低渗透率（小于$0.1\times10^{-3}\mu m^2$）砂岩中的非常规油气资源，通常其含气饱和度低（小于60%），含水饱和度高（大于40%），依靠常规技术难以开采，但在一定经济和技术措施下可获得工业天然气产能。作为一种非常规油气藏，致密砂岩气以其巨大的资源潜力和可观的规模储量，已经成为21世纪最有希望而又最现实的油气勘探目标，在现今常规天然气储量不断递减的全球能源格局中扮演着愈来愈重要的角色，致密砂岩气也因此受到世界范围内人们的广泛关注。众多专家学者对致密砂岩气藏的烃源岩、储层成因特征与致密演化史、成藏机理与过程等进行了深入研究和探讨，并根据其成藏机理、资源潜力和储层特征等将致密砂岩气藏划分出不同的类型，有时致密砂岩气藏甚至也被称为深盆气、盆地中心气、连续气和根源气等。但总体而言，这些气藏均具有大面积低丰度普遍含气、浮力作用有限、分布不受构造控制、异常地层压力和气水分布复杂的共同特征。此外，该类气藏储层还具有分布面积广、埋藏深度大、成岩作用强度高、岩性致密、物性差、孔隙结构复杂和非均质性强的基本特点。致密砂岩气藏虽大面积普遍含气，但其富集程度主要受有利相带、优质储层、裂缝发育程度及局部构造控制，呈现出局部富集的特点。寻找致密背景条件下具有工业开采价值的高孔渗砂岩体，即"甜点"是致密砂岩气勘探与开发的重中之重。

库车拗陷是在海西晚期晚二叠世开始发育，经历了多期次构造运动叠加的在古生代被动大陆边缘基础之上发育起来的中、新生代叠合前陆盆地。根据库车拗陷构造变形特点及形成时代，可将其自北而南分为北部单斜带、克拉苏-依奇克里克构造带、拜城凹陷、阳霞凹陷、乌什凹陷、秋里塔格构造带和南部斜坡带共7个二级构造单元。大北、克深气田是继克拉2、迪那2大气田发现并建成投产后库车深层致密砂岩储层中又相继发现的两个储量超千亿立方米的大型致密砂岩气田，克深气田所处的克拉苏构造带油气成藏地质条件优越，紧邻拜城生烃凹陷，且发育优质的储盖组合，具有良好的油气勘探前景和潜力。研究区白垩系上统缺失，下统由卡普沙良群（K_1kp）和巴什基奇克组（K_1bs）组成，卡普沙良群自下而上又可分为亚格列木组（K_1y）、舒善河组（K_1s）和巴西盖组（K_1b），气田主力产层即研究目的层巴什基奇克组与下伏巴西盖组整合接触，与上覆古近系则呈角度不整合接触。根据岩性巴什基奇克组自下而上可分为巴三段、巴二段和巴一段，其中巴二段和巴一段为研究区内最主要的含气储层。库车拗陷巴什基奇克组沉积期北山南盆的沉积古地理格局决定了其物源主要来自南天山造山带，拗陷北部发育的多个扇体在平面上相互连接而叠置成多个物源出口，形成大面积分布的稳定砂体，构成一套优质天然气储层。

库车拗陷大北克深气田为典型的深层背斜构造圈闭型致密砂岩气藏，其天然气主要分布在背斜构造高部位，气藏具高温、高压、高产、高丰度、高生烃强度、规模储层、巨厚盖层与构造圈闭发育、产量受裂缝和有效储层控制的基本特征。库车拗陷深层中下侏罗统和中上三叠统广覆式高生烃强度的煤系烃源岩全天候生烃且连续不断供气，为大型致密砂岩气藏的形成奠定了坚实的资源基础。而白垩系巴什基奇克组纵向上相互叠置、平面上连片分布的辫状河三角洲及扇三角洲水下分流河道、河口坝砂体为大型致密砂岩气田提供了良好的储集空间。形成于干旱盐湖环境的古近系库姆格勒木群和新近系吉迪克组两套膏盐层、膏泥岩，几乎覆盖了整个库车拗陷，是优质的区域性盖层。印度板块与欧亚板块碰撞的远距离效应导致在山前发育的大量成排成带的构造圈闭为天然气聚集提供了有利的场所。库车拗陷具有两期成藏特征，即早期聚油（17～24Ma）、晚期聚气（2～5Ma），沟通烃源岩与储集层且处于活动时期的断裂是深部天然气往浅部圈闭运移聚集的主要通道。

致密油是指未经过大规模的运移，以游离态或吸附态存在于烃源岩或与烃源岩紧邻的致密砂岩或致密碳酸盐岩等储集岩中的石油资源。致密油具有如下特点：①分布范围广，横向分布连续性好，烃源岩分布广，油源条件优越；②砂岩储层致密，物性差，非均质性强，孔喉类型多样且结构复杂；③含油饱和度高，原油性质好，油藏压力系数低。其孔隙度平均值最大一般不超过 12%，渗透率平均值最大一般不超过 $1.5 \times 10^{-3} \mu m^2$。与国外尤其是北美典型的致密油储层相比，国内的储层更致密，孔隙度和渗透率均较低，横向分布变化快，非均质性强，源储配置好，国外致密油储层孔隙度较高，致密油横向分布连续且稳定，连通性好。

需要一提的是，致密油储层的"甜点"是指具有相对有较好背景的优质有效储层，即储集体紧邻优质烃源岩、孔渗性好、保存条件好、构造稳定、埋藏适中等。致密油储层在中国广泛分布，总体分为：①陆相致密砂岩储层，如四川盆地安岳地区须家河组储层；②深水重力流砂岩储层，如本书研究区延长组长 7 段储层；③湖相碳酸盐岩储层，如渤海湾盆地歧口凹陷沙河街组储层；④泥灰岩裂缝储层，如酒泉盆地青西凹陷下沟组储层。对于致密储层的分类方案有多种，按源储叠置关系可分为源上储层、源下储层和源内储层；按致密储层成因机制可分为原生沉积型储层和成岩改造型储层；按储层的不同岩性可分为碳酸盐岩储层和碎屑岩储层；按储集空间类型可分为孔隙型储层、裂缝-孔隙型储层和孔隙-裂缝型储层。致密油作为重要的非常规资源，将是我国未来重要的石油接替资源。

致密油具有如下主要地质特征。

（1）孔隙度和渗透率。孔隙度和渗透率是储层储渗性能描述的基本物性参数。致密油储层的孔隙度小于 10%，渗透率小于 0.1mD；微-纳米级孔喉系统是储集层喉道的突出特征。

（2）孔隙类型。致密油储层的储集空间基本类型为有机孔、无机孔和裂缝。

其中干酪根纳米孔是有机孔的主要类型，溶蚀孔和残余原生孔是无机孔的主要类型。

（3）构造背景。致密油储层多为大面积含油，一般分布于凹陷或斜坡部位，构造简单。

（4）源内、源外储集层在沉积模式的影响下一般含油饱和度差别较大。源内致密油的含油饱和度普遍偏高，如本次研究区的长 7 段。相比之下，源外致密油储层含油饱和度就普遍偏低，典型的源下致密油如松辽盆地扶余油田，其含油饱和度一般小于 50%。

（5）分布与厚度。致密油在我国有利区的分布面积大约 2000km²，储层厚度为 10~80m。鄂尔多斯盆地长 7 段油层厚度相对较大（10~30m），松辽盆地扶余油层多层叠置、非均质性强，单层一般厚度为 3~5m。

（6）总有机碳含量和成熟度。总有机碳含量 TOC 大于 1%，镜质组反射率 R_{o} 为 0.6%~1.3%。

（7）地层压力。异常超压是中国致密油储层的突出特点，其压力系数通常大于 1.2。

（8）流体性质及流动性。致密油以轻质油为主且流动性好，原油密度小于 0.8251g/cm³ 或大于 40°API[①]。

（9）埋藏深度相差较大，一般波动范围为 1500~4000m。其中研究区的延长组埋深较浅，在 2000m 左右。吉木萨尔芦草沟组埋深增加，约为 3000m；束鹿地区沙三段致密储层则具有较大埋深，达到了 3500~4000m。

（10）不同盆地致密油储层岩石脆性的不同导致了可压裂性的不同。水平两向主应力之差是控制裂缝走向的关键因素之一，脆性指数越大，水平两向主应力之差就越大，网状裂缝便更容易形成。致密油储层所含脆性矿物一般较多，发育天然裂缝，对水平井分段压裂十分有利。

综上，致密油储层在我国分布广泛、类型多样，面积约 1.7 万 km²。一般具有稳定的构造沉积背景和后期有利的成岩改造环境的储层均表现出较好的储集性。目前全国大部分盆地落实的勘探结果表明，我国致密油储层都具有发育"甜点"的优势条件。

我国鄂尔多斯盆地致密油主要分布在紧邻生烃中心的三角洲前缘和湖盆中部的浊积砂体中，其储层有如下基本特征：①岩性以细砂和粉砂为主，泥质含量高。根据相关统计，盆地内长 7 段致密油储层中细砂比例高达 78.3%，泥质含量达到 12.5%。岩性及沉积环境导致盆地内低孔低渗储层中的原生孔隙较少，多为次生孔隙；②填隙物和黏土矿物含量高，主要为伊利石，少量为伊蒙混层和绿泥石。鄂尔多斯盆地长 7 段致密油储层填隙物总量高达 14.9%，伊利石、绿泥石等黏土矿物

---

① API 是美国石油学会制订的用以表示石油及石油产品密度的一种度量。

的含量较高，导致大部分原生孔隙被充填而使储层更加致密；③储层物性差，总体表现为低孔超低渗的特征。统计结果表明，盆地内长 7 段致密油储层孔隙度一般为 2%～12%，渗透率范围一般为 0.001～0.02mD（$1mD=10^{-3}\mu m^2$）。与一般低孔低渗储层相比，致密油储层孔隙度与其他低孔低渗储层相差很小，而渗透率则明显低于其他低孔低渗储层。

长 7 段是鄂尔多斯盆地主力烃源岩资源，其中长 7_3 亚段发育大量厚层烃源岩，有机质含量高，TOC 平均百分比为 13.8%，镜质组反射率为 0.75%～1.18%，以 II 型干酪根为主。长 7_3 亚段产生的致密油经过短距离运移并汇聚到邻近的长 7_1 亚段、长 7_2 亚段及长 6 段半深湖-深湖重力流致密砂岩中，形成了源储一体或紧邻的配置关系，是目前我国最典型的致密油资源。鄂尔多斯盆地已经实现长 6 段、长 7 段致密油大规模的勘探和开采，致密油已成为我国原油上产必不可少的资源。

总体而言，致密油气储层通常发育纳米级孔喉连通体系，孔隙小、喉道细、岩性致密、物性差、微观孔喉结构复杂为其基本特征。因此储层研究是致密油勘探开发的灵魂，储层物性条件较好的层段即致密油富集的主要部位，因此评价优选"甜点"区是贯穿致密油整个勘探过程的核心。对于在地质历史时期经历复杂成岩作用和成岩演化序列，受强烈的压实、胶结和黏土矿物转化的影响而变得孔喉细小，结构复杂、连通性差的致密油储层而言，岩石物理相的研究更显得尤为重要，事实上通过岩石物理相的深入分析，从而在致密背景下寻找"甜点"的分布，是进行该类致密油气储层综合评价和有利发育区带预测的重要方法。

因此，储层预测是一个古老而又前沿的话题，同时也是世界性的难题，对致密油气储层来说尤为如此。在构造和石油地质基本条件明确的前提下，有利沉积相、成岩相的耦合带即决定了致密油气储层"甜点"的形成与分布。近 30 年来在油气储层评价和油藏描述领域出现的重要概念——岩石物理相，即是针对国内陆相油田的以上勘探开发现状提出的。研究表明，由于岩石物理相充分考虑了影响储层物性和非均质性的沉积、成岩和后期构造作用等多种地质因素，并强调从储集层形成机理的角度去认识储集层、评价储集层对油气的控制作用。因此岩石物理相是控制油气水分布的最重要因素，对储层开展岩石物理相研究有助于预测致密油气储层普遍致密背景下的物性"甜点"区带。事实上，作为一种新的储层表征和油藏精细描述技术，岩石物理相研究适用于油气勘探、开发的各个环节。自熊琦华等（1994）提出岩石物理相概念以来，它迅速兴起至现今已发展成为一种储集层尤其是致密储集层精细表征和优质储集体预测的重要方法理论体系。

1.3　岩石物理相控制因素

现今的储层岩石物理相是原始沉积物经历了沉积、成岩和后期构造等作用后的综合结果。岩石物理相的内涵是沉积因素、成岩因素和构造因素的互动作用。沉积作用控制了原始储层质量并决定了随后的成岩作用类型和强度，也影响着后期构造裂缝发育的程度；而埋藏史影响着成岩作用，同时构造裂缝的发育也对溶蚀等成岩作用产生影响。当然沉积和成岩作用又控制了裂缝的发育程度。因此，从相控的角度出发，岩石物理相主要受控于构造相、沉积相和成岩相，其中，构造相和沉积相控制着宏观上油气藏的分布规律，是宏观尺度的地质相概念，而岩石物理相是相对微观尺度的地质相范畴，控制着微观孔隙结构上油气的分布规律。通常构造相控制着沉积相，构造相和沉积相共同控制成岩相，三者又共同控制着岩石物理相，并最终控制油气的富集。对储层岩石物理相展开研究应从其主要控制因素入手，而控制岩石物理相的地质因素主要为岩性岩相、成岩相、裂缝相和孔隙结构相。

1. 沉积微相和岩性岩相

沉积相控制着储层的原始矿物成分和岩石结构，因此是决定储层物性差异的基础，它控制了砂体的宏观分布，是决定储集层物性的先天条件，同时也对埋藏后期的成岩作用类型和强度产生影响。在沉积微相尺度内，不同微相水动力的差异导致沉积物具有不同的结构、构造和成分等特征，这种不同尺度的碎屑组分和结构的差异不仅造成砂岩储层原始孔隙度的区别，还决定了沉积物在后期埋藏演化过程中各具特色的成岩作用和孔隙演化史，从而进一步控制了有效储层的形成与分布。沉积物原始碎屑组分和结构特征，通常也称之为储层岩性岩相特征，是指形成于特定构造、沉积背景下的具有一定沉积特征且岩石性质基本相同的三维岩体，既反映了现今岩石组合面貌，又能体现一定的沉积环境，是对沉积微相的进一步细分和量化。通常反映储层岩性岩相的较敏感的参数为成分成熟度和结构成熟度，如成分成熟度指数、颗粒粒度、分选性和磨圆度等，上述参数的差异均能对储层性能产生一定影响。岩性岩相与单独的岩性或者岩相概念相比，其不仅考虑岩石矿物成分特征，更重要的是包含岩石结构构造及其组合特征，并充分赋予了岩石特征的地质"相"的含义，提高了岩性、岩相研究的地质预测能力。一般在沉积物埋深基本一致的条件下，岩性相对较纯、岩相相对较优的部位，压实等破坏性成岩作用对储层孔隙的破坏程度较弱，往往是储集物性较好的层段。

2. 成岩相

成岩相是成岩环境的物质表现，是沉积物在特定沉积和物理化学环境中，在成岩与流体、构造等作用下，经历一定成岩作用和演化阶段的产物，它主要包含两方面的内容，即成岩环境及该环境下的成岩产物。成岩相主要反映的是不同成岩环境下成岩矿物的组合特征，核心内容是现今的岩石矿物成分和组构特征，代表了一定的成岩面貌，主要是由成岩作用组合特征所决定的，成岩相有助于研究储集体形成机理、空间分布与定量评价。如果说沉积相控制了孔隙发育的平面分区性，那么不同类型和强度的成岩作用的时空配置关系则控制着储层孔隙发育的垂向分带性。因此，在一定的构造和沉积背景下，成岩相是决定优质储集体及含油有利区分布的核心因素，预测有利孔渗性成岩相是储层研究和油气勘探的重点。对碎屑岩储层而言，成岩相的研究应在沉积物成岩阶段、成岩演化序列和主要成岩事件确定的情况下围绕其三个内涵，即成岩作用、成岩环境和成岩矿物而展开。

目前国内陆相盆地中的致密砂岩气藏显示出良好的勘探潜力，将成为当前以及未来一段时期内的重要增储上产的勘探目标，但由于该类气藏储层在漫长的地质历史时期经历了复杂的成岩作用改造，现今一般表现出非均质性强的特征，其孔隙结构和测井响应特征均较为复杂。通过成岩相的深入分析从而在普遍致密的背景中寻找具有相对高孔隙度和渗透率的优质储集砂体，即"甜点"的分布是该类气藏勘探开发的重点和难点。研究表明，通过成岩相的研究可确定其孔隙空间的形成和演化过程，以及成岩矿物对储集物性的影响，从而可为优质储层区域评价和预测提供地质依据。因此，对于致密砂岩气藏储层，应在构造背景基本明确的条件下，在结合区域沉积相进行综合分析的基础上主要侧重于成岩相的研究。

3. 裂缝相

区域构造背景及构造运动历史宏观上控制着沉积物埋藏史和古地温等，从而间接影响储层储集物性；微观上则主要表现在构造应力使岩石破裂形成裂缝，从而改善储层渗流性能，也为孔隙流体流动、油气运移聚集提供运移通道，在一定程度上也能增加储集空间。构造作用对储层的影响是双重的：一方面，除了使致密、脆性强的岩石发生破裂而产生裂缝之外；另一方面，构造挤压还可以增加沉积物压实作用的强度，从而降低储层的孔渗性能，但只有对类似库车拗陷受到强烈的构造挤压的白垩系巴什基奇克组储层而言，构造作用才对其成岩压实产生了明显的影响。因此，对大多储集层而言，构造对储层物性的影响主要体现在裂缝发育上，即构造作用的主要物质表现是裂缝的形成与发育。裂缝相为裂缝性储层内部，对流体流动起控制作用的裂缝系统的组合，通常可由裂缝产状、长度、密度、开度、延伸性、切穿性及裂缝累计发育程度等要素的有机叠加来描述，也可通过裂缝相综合系数来表征。裂缝相的划分主要可根据对流体渗流的影响很大的裂缝开启封闭性、裂缝密度、裂缝产状、裂缝长度和裂缝孔隙度等参数。需要注意的是，裂缝在提高储层孔隙度和渗透率的同时也增强了储层非均质性，裂缝的存在使储层的渗流特征表现出明显的各向异性，形成裂缝-孔隙型双孔隙组分储层，因此只有同时满足裂缝发育且分布较均匀两个条件时对改善储层孔隙结构最为有利。

4. 孔隙结构

孔隙结构是指储集岩所具有的微观孔隙和喉道的几何形状、大小、分布及其相互连通组合关系，为储集单元内的孔隙结构变化的总貌。岩石物理相最终表征的是流体渗流孔隙网络特征——现今的孔隙几何学特征，反映了储层宏观物性特征及储层微观孔隙结构特征。由于岩石物理相充分考虑了影响储层物性和孔隙结构非均质性的构造相、沉积相和成岩相三大主控因素。因此通过储层岩石物理相研究可探讨储集体内孔隙空间的形成及其演化过程，基于岩石物理相分类可较好地实现储层孔隙结构特征的分类评价，并可以利用岩石物理相地质"相"的内涵去预测新的有利孔渗发育带。这样既能对孔隙结构的成因机理进行深入分析，又能实现其定量评价。岩石物理相既可反映储层的宏观特征，也可反映其微观孔隙结构特性，根据储层岩石物理相划分开展储层孔隙结构分类评价是揭示储层地质成因机理及实现储层孔隙结构定量评价的有效途径。

研究储集岩孔隙结构特征的方法有多种，主要的有室内实验和利用测井资料（电阻率测井资料和核磁共振测井资料）。实验室储集岩孔隙结构的评价方法归纳起来又可分为两大类：一类为直接观察法，包括岩心、铸体薄片观察、图像分析以及扫描电镜（微观孔隙以及喉道特征）分析等；另一类为间接测量法，包括（常规、高压或恒速）压汞曲线法和核磁共振实验法等。

1.4　岩石物理相划分与表征方法

1.4.1　岩石物理相的划分

岩石物理相研究可搞清储层成因单元的分布规律，由此可进一步在岩石物理相的控制下，对储层进行质量预测和评价。国内外专家学者在岩石物理相划分方法方面做了大量研究工作，形成一系列具有代表性分类方法，归纳起来可分为三大类：①以地质研究为主，包括利用测井资料划分，以及利用孔隙度、渗透率、泥质含量等及其组合参数等（流动带指标和储集层品质指数）。②数学方法，包括模糊聚类法、叠加法、主成分判别法、对应分析法和灰色系统理论法等。③"相控"叠加法，即在综合考虑储层发育的地质背景，在储层岩性岩相、成岩相、裂缝相和孔隙结构相分类的基础上通过四者的叠加实现岩石物理相的综合划分与定名（表1.1）。

表 1.1 不同岩石物理相划分方法对比

方法	划分原理	优缺点
叠加法	沉积相与成岩储集相叠加	思路清晰,但工作量大
主成分判别法	对一个对象的多种影响因素进行综合评价,最终得到一个综合判别系数	操作简单,但权系数值却存在人为误差
模糊聚类法	根据样品与聚类中心之间的隶属度进行划分	可减少误差传导,但工作量较大
灰色系统理论法	选取各参数特征值,利用灰色关联分析的方法划分岩石物理相类型	能实现定量划分,但数据之间关联度难以确定
对应分析法	先将沉积相和成岩储集相分类,再将二者分类结果进行频率交会	能反映地质成因机理,但易产生误差传导
流动带指标法	根据流动带指标(FZI)或储集层品质指数(RQI)值大小划分	定量,但具有一定局限性
测井资料法	测井、地质资料相结合实现岩石物理相的识别划分	可连续划分,但存在多解性

1. 叠加法

叠加法是指将岩石物理相的次一级构成单元——沉积微相和成岩储集相等进行叠加分析,进而对岩石物理相进行分类。沉积微相很大程度上控制着沉积岩的岩石物理特征,而储层的岩石物理特征是由成岩作用和后期构造作用等控制,所以有利的沉积微相带、有利的成岩相带和有利的裂缝相的叠合处就是有利的岩石物理相带,也是有利的孔隙结构发育带。

2. 主成分判别分析法

也有学者将主成分判别分析法称为加权平均法或主因素分析法。主成分判别分析法是对影响储层品质的多种影响因素或参数(孔隙度、渗透率、粒度中值、分选系数和泥质含量)进行综合评价,并最终得到一个综合评判系数,然后再据此对储层岩石物理相进行分类。

3. 模糊聚类法

模糊聚类法是把待分类的样品(储集层)看作是多维欧氏空间的点,然后根据样品与聚类中心之间的隶属度将储层划分出不同的岩石物理相类型。段林娣等(2007)运用该方法对枣南油田孔一段 V 油组进行岩石物理相分类,使划分出的各小层岩石物理相,在各项生产指标上都有明显的差异,取得了较好的效果。

模糊聚类法的提出减少了岩石物理相分类时多步法的误差传导,具有思路清晰和运算快捷的特点,同时也能较好地反映储层储集性能的成因机理特征,总体而言是进行储层岩石物理相分类研究的理想方法。

4. 灰色理论集成法

研究表明，由于致密砂岩储层成因机理复杂，影响因素众多，因此单一参数并不能很准确地表征不同的储层岩石物理相单元。灰色理论集成法即是综合考虑储层成因机理之后提出来的分类方法，它通过综合利用反映储层的多种测井响应特征，从不同角度显示出该区储层的岩石物理特征，并由此实现将低渗透复杂储层非均质、非线性问题转化为均质和线性问题来解决，提高了测井解释的精度和效果。如宋子齐等（2010）采用灰色理论集成法将安塞油田沿河湾地区砂岩储层岩石物理相进行分类，并利用有利的岩石物理相单元"甜点"圈定出了特低渗储层中的含油有利区位置及其分布范围。

5. 对应分析法

岩石物理相是沉积微相和成岩储集相等的有机叠加，该方法首先通过对沉积微相和成岩储集相进行对应分析法分类，在此基础上将成岩储集相与沉积微相等分类结果进行频率交会，由此来实现岩石物理相的划分。

6. 储集层品质指数法和流动带指标法

众多专家学者借助于综合化的定量指标（包括 RQI 和 FZI）［式（1.1）～式（1.3）］来表征不同类别的储层岩石物理相，并利用 FZI 值来划分储层不同岩石物理相的参数，即具有同一宏观 FZI 值的储层具有相似的微观孔喉特征，且每一类岩石物理相代表着不同的岩性和物性。

$$RQI = \sqrt{\frac{K}{\phi}} \tag{1.1}$$

式中，K 为渗透率，$10^{-3}\mu m^2$；ϕ 为孔隙度，小数；RQI 为储集层品质指数，μm。定义 ϕ_z 为孔隙体积和颗粒体积的比值：

$$\phi_z = \frac{\phi}{1-\phi} \tag{1.2}$$

地层流动带指数定义式为

$$FZI = RQI / \phi_z \tag{1.3}$$

一般认为，FZI 值综合反映了储层的岩石物理特性，因此其值大小通常被用来划分储层岩石物理相和流动单元。

除此之外，有学者研究表明，RQI 也可准确地反映储集层孔隙结构和岩石物理性质的变化，是定量表征储层微观孔隙结构的宏观物性参数，其值越大表明储层微观孔隙结构越好，因此除 FZI 值之外，也可以利用 RQI 参数来综合衡量储层孔隙结构及岩石物理相类型的好坏。

7. 测井资料法

岩石物理相在测井上是可以识别的,划分储层岩石物理相时就应该遵循"地质上能区分、测井上能识别"这一基本准则。因此测井资料法即应用测井相分析技术,按照"岩心刻度测井""成像测井新技术标定常规测井"的原则,并结合一定数学方法或开发相关软件,形成不同岩石物理相的测井信息识别模式与准则,由此通过测井资料来划分岩石物理相类型。如陈钢花等(2009)在系统考查了各类岩石物理相与测井曲线之间的关系之后,确定了选用 CNL、AC、SP 和 RT 四条测井曲线,将四类岩石物理相区分开。

1.4.2　岩石物理相表征方法

地质资料(岩心、薄片等分析化验资料)全面、直接、客观、准确且分辨率高,但是成本相对也较高且资料空间覆盖率低。地球物理资料空间覆盖率高,相对容易获得且成本也相对低,但分辨率低且不能直接反映地层信息。因而两者都有利弊,需要相互结合使用。即在地质资料分析的基础上通过测井相或地震相标定,分析总结不同岩石物理相的测井及地震响应特征,才能使岩石物理相更好地运用于未取心层段或无井区的油气储层评价与预测工作。

岩石物理相可通过一系列反映储层特征的参数来表征,这些参数大致可分为七大类:①反映沉积与岩石学特征的参数,如粒度中值、泥质含量和成分成熟度等;②反映储层宏观物性的参数,如孔隙度和渗透率等;③反映储层微观孔隙结构特征的宏观参数,如 RQI 和 FZI;④反映孔喉大小的微观参数,如喉道直径平均值、最大孔喉半径等;⑤反映孔喉均值程度的参数,如喉道分选系数等;⑥反映孔喉连通性和产液能力的参数,如储层孔隙结构综合评价参数和产能指数等;⑦定量评价成岩(储集)相的参数,如视压实率、视胶结率和成岩综合系数等。

以上这些参数从不同角度显示储层的渗流、储集性能、含油气与非均质性等岩石物理相特征。对裂缝型砂岩储层而言,除考虑上述参数外,还应通过裂缝产状、长度、密度和开度等来表征其裂缝相发育特征。

由于地震资料垂向分辨率差,直接利用地震资料来表征储层岩石物理相目前还难以达到较高的精度,因此,岩石物理相的地球物理表征主要是依靠垂向分辨率高且连续性好的测井资料。早在 1979 年,Serra 就提出了电相(测井相)(electrofacies)的概念,从而在测井和地质这两个学科之间架起了一座相互沟通的桥梁,基于测井相分析进行储层岩石物理相划分,关键在于岩石物理相各控制因素的测井表征方法的建立。常规测井主要用来表征岩性岩相、沉积微相和成岩相;微电阻率扫描成像(FMI)、核磁共振测井和声波全波列测井等主要用来表征裂缝相、孔隙结构相。

单井纵向上的岩石物理相表征主要是通过对关键井（资料齐全）岩性岩相、成岩相、裂缝相和孔隙结构相的系统分析，划分出岩石物理相类型，建立关键井岩石物理相标准剖面。而多井岩石物理相表征是岩石物理相研究的关键内容，通过多井岩石物理相的研究，可搞清岩石物理相的平面分布规律，最终达到优质储集体预测的最终目标。

要实现对不同规模储层进行质量评价，首先应充分利用岩心薄片等分析化验资料对岩石物理相进行地质分类，并结合测井资料，对归好类的岩石物理相进行测井响应特征的定性分析，选择与提取能够表征储层特征的敏感测井曲线组合。在此基础上，分别利用作为地下地质信息载体的测井和地震资料来表征不同的储层岩石物理相。最后以岩心资料检验刻度测井资料，并以测井资料刻度地震资料，最终确定油田规模、油组规模、小层规模乃至单砂体规模的储层岩石物理相，实现优质储集体的纵向和横向预测等目标。

1.5 岩石物理相主要应用领域

自提出岩石物理相概念以来，尽管不同的专家学者从不同的角度对岩石物理相的定义存在不同的见解，且在岩石物理相划分方法和控制因素等方面尚未完全达成共识。但不可否认的是，诸多专家学者已将岩石物理相方法理论体系应用于油田勘探开发的实践工作之中，并取得了显著的成果与认识。研究表明，岩石物理相是控制致密储集层"四性"关系和测井响应特征的主要因素。同类岩石物理相储集层的岩性、物性、电性及含油气性关系一般具有如下特点：①相似的沉积学背景和岩石学特征；②孔隙结构类型及其孔渗关系基本趋于一致；③岩电关系趋于吻合；④物性参数相关系数明显提高，因此岩石物理相可应用于储层参数精细解释建模。而不同岩石物理相储集层宏观上表现为储层的岩性、物性和孔隙结构等方面的非均质性特征。因此岩石物理相作为一种储集层综合评价理论，对油气富集有直接的控制作用，而作为油藏描述的重要内容，岩石物理相的相关理论与方法适用于油气勘探、开发的各个环节。在油气勘探初期岩石物理相可用于预测优质储层及含油气有利区的分布，并可有效地指导隐蔽性油气藏的勘探开发；在油田的早期注水开发阶段可较好地评价储层参数及识别油气水层，预测高产、低产区；而注水开发阶段后期有利于剩余油的分布规律预测的研究。岩石物理相在致密砂岩气储层领域也显示出广阔的应用前景。

1. 优质储集体预测

在油气早期勘探阶段，岩石物理相研究可用于提高探井成功率，预测好的储集相带，即优质储层及含油有利区，从而为优选有利的含油储层、井位部署和含油面积圈定提供依据。宋子齐等（2008）利用岩石物理相流动单元"甜点"筛选出陕北斜坡中部长 3 和长 4+5 特低渗储层中的含油有利区。

2. 储层参数精细解释建模

开发阶段早期开展储层岩石物理相研究的主要目的在于通过对含油气储层进行品质分类，从而预测低渗透砂岩普遍致密背景下的相对高产区。该阶段储层参数的准确获取是关键，通过岩石物理相的研究有利于储层参数的评价及油水层的识别，从而为油田的增储上产提供依据。如谭成仟等（2001a，2001b）利用岩石物理相将辽河油田沈 84 块砂岩储层定量划分为四类，并建立了各类岩石物理相的渗透率精细解释模型，有效提高了储层渗透率的预测精度。

3. 剩余油分布规律预测

油气开发中后期油田含水量一般比较高，挖潜油层中的剩余油和提高采收率是开发中后期的主要目标。根据不同岩石物理相与剩余油形成与分布的对应关系，在岩石物理相划分的基础上可确定剩余油的分布规律。谭成仟等（2002）在对孤岛油田渤 21 断块砂岩储层岩石物理相分类的基础上，进一步阐明了岩石物理相与剩余油分布之间的关系，并由此通过岩石物理相预测剩余油的分布。

4. 在致密油气复杂储层中的应用

致密油气等复杂储层一般表现出孔隙结构复杂和非均质性强的特征，通过岩石物理性质对该类复杂储集层进行分类，可使每一类岩石物理相储层的岩性、物性和孔隙结构相近，即其岩石物理特征相对均匀、岩电参数基本相同、孔渗关系趋于一致。由此可将非均质性、非线性等复杂问题转化为均质、线性问题解决，并提高该类复杂储层的测井解释精度。因此，在一些低孔低渗及非均质性强的致密砂岩和砂砾岩油气储层中，岩石物理相具有广阔的应用前景。石玉江等（2005）根据榆林地区上古生界山 2 段低渗透复杂砂岩储层测井响应特征划分出三类岩石物理相，并建立气层的测井精细解释模型和识别标准，提高了气层的解释精度。

第 2 章

岩性岩相的地质分类、表征参数及其测井识别方法

岩性指岩石的类型，一般是依据岩石的成因、产状和成分等按一定命名法对岩石种类进行划分。对于岩石岩性的划分，目前已有比较成熟和公认的划分方案，如沉积岩可进一步划分为碎屑岩、碳酸盐岩等，碎屑岩根据粒度又可以划分为砂岩、砾岩等。岩性主要反映岩石的矿物组分和含量、颜色和结构构造等岩石学特征。

岩相是在一定的构造、沉积背景中形成的岩石或岩石组合面貌，为岩石类型及其沉积构造的综合，是沉积相最重要和最本质的组成部分，也是沉积相序和储层的最基本单元。通常岩相是岩石相的简称，是相对于生物相而定义的，岩相的颜色、结构构造特征能指示一定的沉积环境，即可反映一定的水动力条件及沉积物搬运方式，因此，也将岩相称之为沉积能量单元或水力单元。国内专家学者对岩相的划分主要依赖于岩性和岩石构造特征，如块状层理细砂岩相，也有根据测井曲线建立一定的模型来实现岩性岩相自动划分的，这样划分出的岩性岩相能体现一定的沉积特征和岩性特征。国外学者对岩性岩相的划分主要依赖于储层不同的测井综合响应特征、古生物特征及地震响应特征等，通过岩心及测井资料分析，确定储层形成的沉积环境及相关的岩性岩相类型。如果资料充足，可进一步根据沉积能量、岩相结构和堆叠位置等将岩相细分为更小的单元。

本章所研究的岩性岩相（lithology and lithofacies）通常也称沉积岩石微相，是指形成于特定构造、沉积背景下的具有一定沉积特征且岩石性质基本相同的三维岩体，既能反映了现今岩石组合面貌，又能体现一定的沉积环境，是对沉积微相的进一步细分和量化。通常采用的方法是将沉积微相与岩石相结合研究以达到将沉积微相进一步细分的目的，如在岩石相研究的基础上，可将水下分流河道沉积微相进一步划分出水下分流河道细砂岩相、水下分流河道中砂岩相等。通常反映岩性岩相的最灵敏的参数为成分成熟度和结构成熟度，如成分成熟度指数、粒度、分选性和磨圆度等。在理想的情况下，沉积物越纯，颗粒的粒度越粗，分选性越好，即储层结构成熟度和成分成熟度越高，越有利油气的聚集。

岩性岩相与单独的岩性或者相概念相比，其不仅考虑了岩石矿物成分特征，更重要的是考虑了岩石结构构造及其组合特征，并充分赋予了岩石特征的地质"相"的含义，提高了岩性和岩相研究的地质预测能力。

2.1　储层岩性岩相的分类体系

2.1.1　库车拗陷白垩系巴什基奇克组岩性岩相特征

1. 沉积微相特征

库车前陆盆地是对南天山造山带逆冲挤压活动的挠曲响应，在构造相对活动期，南天山造山带强烈隆升，同时，前陆盆地前渊带迅速沉降，物源供给增多，可容纳空间增大。库车拗陷下白垩统为一套前陆盆地前渊带的沉积充填，包括卡普沙良群和巴什基奇克组两个粗—细—粗的沉积旋回，每个旋回底部的亚格列木组和巴什基奇克组底部（巴三段）均发育一套砾质粗碎屑，分别为逆冲活动开始和逆冲活动停滞（岩石圈回弹隆升）的沉积响应，库车拗陷下白垩统记录了一幕完整的前陆盆地构造演化过程。

库车拗陷自中生代以来受北侧天山造山带向南的强烈逆冲推挤，形成北高南低的古地理格局，决定了古水流流向及沉积物来源主要来自北部的南天山再旋回造山带，从而进一步控制了沉积相带的展布。白垩纪时期，气候总体干旱、炎热，野外露头可见红色泥岩、砂质泥岩及石膏或含石膏泥岩广泛分布，反映了干旱条件下的陆相红层沉积，体现了库车拗陷白垩纪时期总体为一氧化的宽浅湖盆。北部的南天山存在多个物源供应出口，强烈的造山运动导致其碎屑供应充足，且地形高差较大，来自南天山的季节性河流携带了大量的沉积物质由北向南搬运，在山前陡坡带形成冲积扇或扇三角洲沉积。此后由于地势变缓，水动力能量减弱，碎屑物质快速卸载并在氧化宽浅湖盆中形成辫状河三角洲沉积体系。

总体而言，库车拗陷白垩系冲积扇及扇（或辫状河）三角洲沉积体系垂向上表现为多期扇体相互叠置，在平面上表现为多个扇体相互连接。巴什基奇克组沉积时期处于库车前陆拗陷发育的晚期，总体为三角洲沉积体系，沉积相的分异主要体现在纵向上。巴什基奇克组沉积早期（巴三段），气候炎热干燥，且构造活动相对强烈，碎屑粒度较粗，形成扇三角洲沉积，东西向相带展布稳定，南北向相带差异明显。巴什基奇克组沉积中晚期（巴二段和巴一段）处于构造活动相对平静期，地形差变小，且输入拗陷的物质变细，由于地形相对平缓，辫状河分布较宽，侧向频繁迁移并在注入湖泊的地方形成辫状河三角洲，但沉积相仍呈东西分区、南北分带格局。简而言之，研究区巴什基奇克组总体为一三角洲沉积体系，巴三段以扇三角洲沉积体系为主，而巴一段和巴二段则发育辫状河三角洲沉积体系，辫状河三角洲前缘和扇三角洲前缘的水下分流河道砂体、辫状河三角洲前缘河口坝砂体是巴什基奇克组主要的砂体成因类型。这种平面上分布稳定，且纵向上相互叠置的辫状河三角洲"砂体裙"，具有厚度大、分布广、连续性好和隔夹层少的特点（图 2.1）[①]，是很有利的储集砂体，在良好盖层如古近系库姆格列木群膏盐岩层的封盖下，这种砂体裙可形成巨大的油气圈闭，目前在克拉苏构造带发现的气藏如克拉 2、大北和克深气田等，一般以这种储盖组合方式为主。

水下分流河道微相岩性以褐色中、细砂岩为主，有时可见泥砾，发育槽状、楔状交错层理等沉积构造，有时可见冲刷面，代表由河道的摆动引起的水动力变化对下伏沉积物的冲刷，水下分流河道砂体总体具有正韵律特征。在 GR 测井曲线上具明显的箱形或钟形响应特征，反映了水动力较强，且沉积物供应充足的特点。成像测井上可拾取出明显的板状交错层理和平行层理 [图 2.2（a）]。在概率累积曲线上，一般辫状河水下分流河道微相砂体呈典型的"两段式"特征，即主要由跳跃和悬浮两个总体构成，且以跳跃总体为主，一般占 60%～70%，悬浮组分相对较少，一般总体含量为 30%～40%，截点约为 3Φ（Φ 为粒度）[图 2.2（a）]。

河口坝沉积位于水下分流河道的河口处，沉积速率最高，水动力作用强，颗粒分选较好，常为上粗下细的反韵律，自然伽马测井曲线为典型的漏斗形。成像测井图上可拾取出明显的平行层理。粒度概率累积曲线河口坝微相砂体常由跳跃、悬浮两个总体和两者之间过渡段组成，或者由两个斜率较高的跳跃次总体和一个悬浮总体组成，悬浮组分分选性差，呈典型的"三段式" [图 2.2（b）]，指示了河口区较为动荡的水动力环境。

水下分流间湾为水下分流河道之间的低洼部分，是河流和湖水波浪能量作用较低的地方，岩性主要为褐色泥岩及少部分泥质粉砂岩，发育水平层理和波状层理，储集物性差。

此外，巴三段发育的扇三角洲前缘沉积体系主要以粗碎屑沉积特征（岩性以含砾砂岩、砂砾岩为主），与巴二段、巴一段辫状河三角洲前缘沉积体系相区分。

2. 储层岩石学特征

根据岩心观察、普通薄片、铸体薄片、阴极发光照片、X 射线衍射及扫描电镜分析等资料，巴什基奇克组储层岩性以褐色、棕褐色岩屑长石砂岩和长石岩屑砂岩为主（图 2.3）。石英质量分数主要为 32%～65%，平均为 42.5%；长石质量分数为 17%～45%，平均为 32%，成分以钾长石和斜长石为主；岩屑质量分数为 12%～45%，平均为 26%，以变质岩岩屑和岩浆岩岩屑为主，沉积岩岩屑相对较少。根据粒度筛析资料，巴什基奇克组储层颗粒粒度主要是中砂、细砂粒度级别，细砂和中砂质量分数占 90% 以上。颗粒分选性中等—好，分选系数为 1.66～14.93，平均为 4.36。磨圆度主要为次棱角状，其次为次棱-次圆状，再次为棱角-次棱状，其他类型不超过 10%。颗粒分选性和磨圆度在储层范围内变化不明显，且分选性

---

① 张惠良. 2012. 塔里木盆地沉积储层研究新进展. 中国石油天然气股份有限公司塔里木油田分公司内部研究报告.

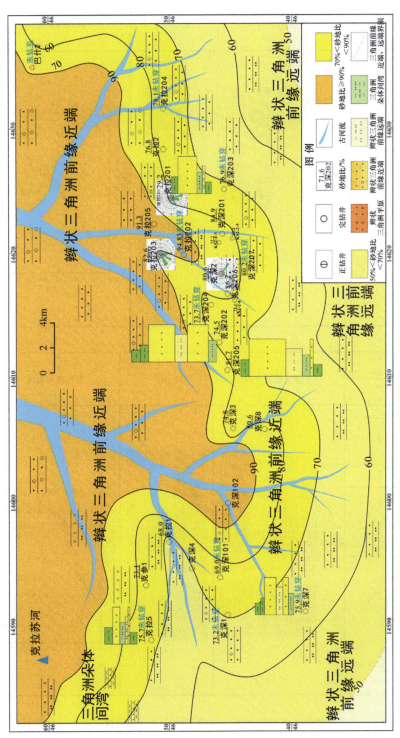

图 2.1　克深地区巴什基奇组巴二段沉积相图

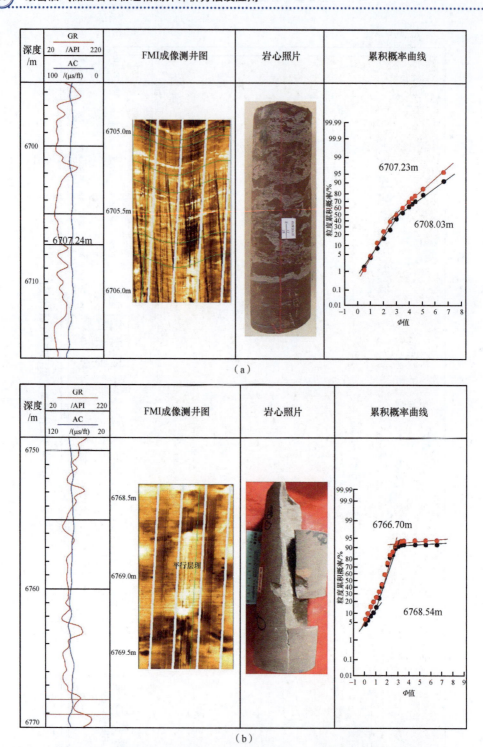

（a）

（b）

图 2.2　巴什基奇克组典型辫状河三角洲前缘水下分流河道以及河口坝特征

（a）克深 201 井巴二段典型水下分流河道沉积特征；（b）克深 202 井巴一段典型河口坝沉积微相特征

和磨圆度对储层物性的影响相对较小。巴什基奇克组埋藏较深平均在6200m以上，地应力较强，在上覆沉积物强压实作用和构造挤压作用下，颗粒之间接触关系主要为点-线式，部分颗粒分选性较差或者颗粒粒度较细层段由于压实作用较强可见线接触关系。巴什基奇克组碎屑结构的支撑类型为颗粒支撑型和杂基支撑型，其中，颗粒型占主要地位，占比超过90%。胶结类型以孔隙接触及镶嵌接触类型为主，其他如接触胶结类型和基底胶结类型则较少。

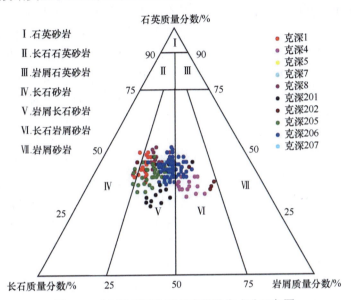

图2.3 克深地区巴什基奇克组砂岩成分三角图

巴什基奇克组储层填隙物含量相对较高，其中，杂基质量分数为1%～15%，以泥质和铁泥质为主，平均为3.4%；胶结物质量分数为1%～25%，平均为5.2%，以方解石、白云石、铁方解石和铁白云石为主，此外，还有早期沉淀的石膏等矿物，部分层段可见自生石英和自生长石矿物充填于孔隙之中，而黏土矿物以伊利石、伊蒙混层为主，另外扫描电镜下可观察到少量绿泥石，而由于研究区相对较大的埋深和地层温度，高岭石基本不可见。储层总体具成分成熟度较低和结构成熟度中等偏高的特点，与研究区干旱氧化条件下形成的辫状河三角洲前缘沉积体系背景相吻合。由于石英含量相对较低，且长石以钾长石和斜长石为主，不稳定的钠长石含量相对较少，同时岩屑类型差异较大，用传统的"石英/（长石+岩屑）"方法计算出的成分成熟度差异较小，因而不能反映储层岩性岩相特征的变化。相反地，用"（石英+长石）/岩屑"计算的成分成熟度值相对具有一定的变化范围，因而针对巴什基奇克组储层，本书把长石和石英当作相对稳定矿物，而把岩屑当作不稳定组分，并用"（石英+长石）/岩屑"值可以用来刻画储层成分成熟度的相对变化。

3. 储层岩性岩相分类命名

指示岩性岩相变化的参数分为两大类：与成分相关的参数和与结构相关的参数。其中成分成熟度属于与成分相关的参数，结构成熟度属于与结构相关的参数。由于储层物性与成分成熟度［石英/（长石+岩屑）］的关系比较复杂（石英含量相对较低且趋于稳定），不能用该成分成熟度指数作为指示储层岩性岩相的较好的参数，因而采用前面所指出的"（石英+长石）/岩屑"来表征储层成分成熟度变化。而结构参数中的分选性和磨圆度等与储层物性的关系较为复杂，也不能用来较好地指示储层岩性岩相的变化，相比较而言，巴什基奇克组储层的粒度除巴三段出现砂砾岩外，巴一段和巴二段基本以细砂和中砂为主，且粒度与储层物性的关系较为紧密。一般随着粒度的增大，储层物性参数尤其是渗透率将显著增加，因此可以利用储层粒度来较好地指示储层岩性岩相的变化。因此，本章在划分储层岩性岩相时，主要是在储层沉积微相划分的基础上，优选粒度参数（粒度中值）对沉积微相进行进一步细分和量化，如水下分流河道沉积微相可进一步细分为水下分流河道中砂岩、水下分流河道细砂岩和水下分流河道砂砾岩三种不同岩性岩相类型。由上面的论述可知，对储层岩性岩相进行分类命名首先要考虑储层沉积微相特征，其次要综合考虑储层的成分成熟度和结构成熟度指标，包括成分成熟度指数、粒度、沉积构造和岩性等。本章综合考虑以上因素，建立的克深地区巴什基奇克组储层岩性岩相划分的标准如表 2.1 所示[①]。

一般地，沉积水动力越强，沉积物颗粒粒度越粗，流水对沉积物的搬运与簸洗导致砂体成分较纯，其中的杂基和岩屑等含量较低，而较稳定的矿物碎屑如石英和长石含量较高，因此成分成熟度指数也相对较大。图 2.4～图 2.7 为几种典型岩性岩相（水下分流河道中、细砂岩，河口坝中、细砂岩，水下分流间湾泥岩）的常规测井（GR、AC 和 RT 等）和成像测井沉积构造典型图版特征。

典型水下分流河道中砂岩岩性岩相的特征是岩性以红褐色中砂岩为主，岩心上或成像测井图像上可见平行层理或板状和楔状交错层理。部分层段岩心及成像测井图像上可见冲刷面，代表上覆的粒度较粗的砂岩形成时期较强的水动力对下伏的红褐色泥岩的冲刷，是水动力条件突变的产物，也指示了研究区巴什基奇克组季节性河流的冲刷与充填特征（图 2.4）。成像测井静态和动态图上可见明暗截切的冲刷面。

典型水下分流河道细砂岩相的特征是岩性以红褐色细砂岩为主，沉积水动力能量也较强，岩心上或成像测井图像上可见平行层理或槽状交错层理（图 2.5），且水下分流河道中、细砂岩岩性岩相带中间常为水下分流间湾泥岩岩性岩相带所

[①] 王贵文，赖锦，张永辰，等. 2013. 大北克深地区白垩系岩石物理相类型及在测井储层评价中的应用. 中国石油天然气股份有限公司塔里木油田公司内部研究报告。

表 2.1 巴什基奇克组储层岩性岩相划分标准

沉积体系	岩性岩相类型	岩性	粒度中值/mm	成分成熟度指数	沉积构造	成像测井图像
辫状河三角洲前缘水下分流河道	水下分流河道中砂岩 LF1	中砂岩	0.20~0.40	2.00~3.90 (2.80)	板状、楔状交错层理，可见冲刷面	层理面，正粒序
	水下分流河道细砂岩 LF2	细砂岩	0.15~0.20	1.80~3.30 (2.30)	平行层理、板状、楔状或槽状交错层理	层理面，均质韵律
	水下分流河道粗砂岩 LF3	粗砂岩	0.40~0.80	1.80~3.70 (2.60)	板状、楔状或槽状交错层理，冲刷面	冲刷面，正韵律
扇三角洲前缘水下分流河道	水下分流河道砂砾岩 LF4	含砾砂岩或砂砾岩	0.20~0.80	2.2~3.2 (2.70)	块状为主，底部有冲刷面，发育泥砾	冲刷面，暗色、亮色斑块
三角洲前缘河口坝	河口坝中砂岩 LF5	中砂岩	0.20~0.40	2.50~4.80 (3.20)	平行层理和变形层理	变形构造，反韵律
	河口坝细砂岩 LF6	细砂岩	0.15~0.20	2.20~4.20 (2.50)	楔状交错层理、平行层理和变形层理	均质韵律
水下分流间湾	水下分流间湾泥岩相 LF7	泥岩、粉砂质泥岩	0.05~0.09	<2.00	水平层理、透镜状层理和波状层理，或为块状泥岩	暗色条带

注：括号内数据为平均值。

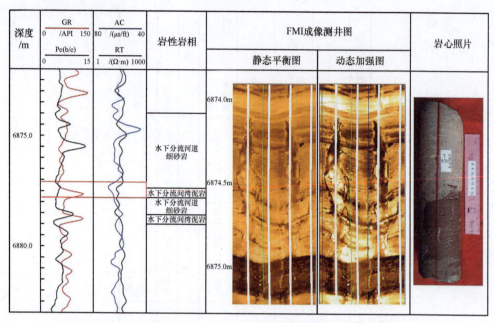

图 2.4   水下分流河道中砂岩和水下分流间湾泥岩相特征（克深 207 井）

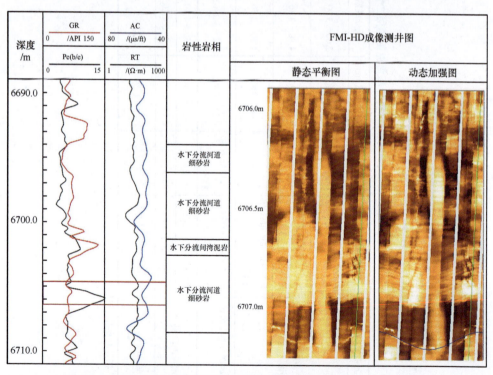

图 2.5   水下分流河道细砂岩和水下分流间湾泥岩相特征（克深 203 井）

分隔。如图 2.5 所示，两个水下分流河道细砂岩内部为一水下分流间湾泥岩所分隔，这与研究区巴什基奇克组沉积时期辫状河道的频繁改道与迁移相关。成像测井静态平衡图上可见明显的正韵律特征，即河道底部表现为亮色，上部由于泥质含量增高颜色逐渐变暗。

典型河口坝中砂岩相的特征是岩性以红褐色中砂岩为主，岩心上或成像测井图像上可见平行层理和楔状交错层理发育，有时河口坝砂体内部可见变形构造（图 2.6）。图 2.6 中成像测井静态和动态图上可看到河口坝砂体中发育的楔状交错层理和沉积物变形构造，也指示相对较强的水动力条件，但由于研究区氧化宽浅湖盆的沉积背景，季节性河流的冲刷常导致河口坝砂体难以得到保存或保存不完善，从而只能观测到部分河口坝砂体，其厚度一般较薄（1～2m），且其上部常被河道冲刷叠置。

典型河口坝细砂岩相的特征基本与河口坝中砂岩相类似，但其岩性粒度相对较细，以红褐色或褐色细砂岩为主，岩心上或成像测井图像上可见平行层理，偶可见沉积物的变形构造（图 2.7），由于颗粒粒度较细，因此此时河口坝砂体的反韵律结构特征不明显，呈均质韵律特征。图 2.7 中的成像测井图像表现为一亮色的块状，层理不明显。河口坝砂岩下部通常为水下分流间湾泥岩所分隔，上部则常被水下分流河道砂体冲刷，代表季节性河道的改道与迁移作用（图 2.6 和图 2.7）。

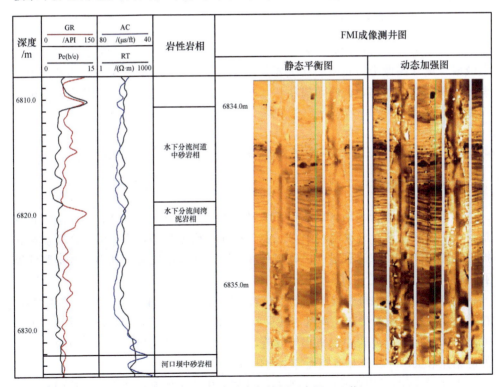

图 2.6　河口坝中砂岩相特征（克深 207 井）

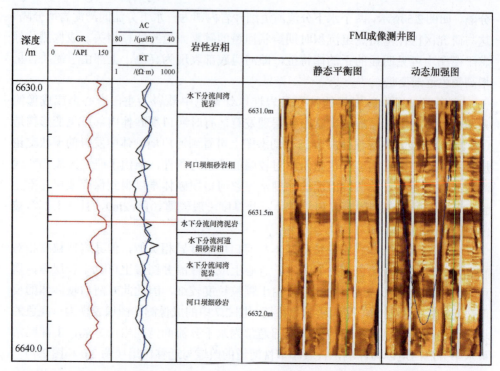

图 2.7　典型河口坝细砂岩相与水下分流间湾泥岩相特征（克深 2 井）

典型水下分流河道砂砾岩岩性岩相的特征是岩性以红褐色砂砾岩为主，岩心上或成像测井图像上可见砾石（主要是泥砾）发育（图 2.8），在成像测井图上表现为不规则组合的亮色或暗色斑块状（图 2.8），一般与巴三段发育的扇三角洲沉积体系相对应。

2.1.2　鄂尔多斯盆地合水地区延长组长 7 段岩性岩相特征

1. 沉积微相特征

鄂尔多斯盆地合水地区延长组长 7 段致密油主要形成于深湖、半深湖沉积背景。长 7 段沉积期，气候温暖潮湿，由于盆地不均衡强烈拉张下陷，为湖盆最大扩张阶段，湖盆面积达到最大，拗陷最深，湖水环境最安静，其中合水地区浅湖亚相和半深湖-深湖亚相沉积最发育。

浅湖亚相沉积物粒度较细，研究区浅湖亚相的主要岩性为深灰色-灰黑色泥岩、粉砂质泥岩、泥质粉砂岩，局部夹薄层状粉-细砂岩，具平行层理，通常在几十米范围内即可尖灭。泥岩中水平层理发育，含沥青及大量植物碎片和垂直虫孔，此外可见介形虫、叶肢介和双壳类等动物化石。

半深湖-深湖亚相在盆地延长组长 7 油层组中十分发育，依据沉积旋回长 7 油

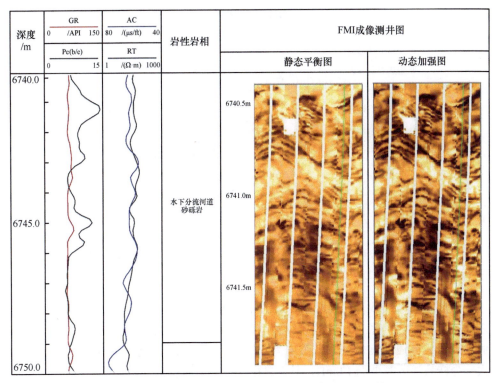

图 2.8　典型水下分流河道砂砾岩相特征（克深 201 井）

层组自上而下划为长 7_1、长 7_2 和长 7_3 三个小层，其中长 7_3 期分布范围最广。岩性主要为深灰-灰黑色碳质泥岩、纹层状粉砂质泥岩、页岩和油页岩夹浊积岩，暗色泥岩最大厚度为 120m，一般为 70~80m，泥岩中有机质丰富，母质类型以腐殖-腐泥型为主，为一套优质的烃源岩。泥岩含介形虫、方鳞鱼等动物化石，植物化石较少。半深湖-深湖区是低洼地带，易形成沉积物重力流，主要为浊流、碎屑流和液化流，其中浊流最发育，浊积岩也是长 7 油层的主要储集体。

2. 岩石学特征

鄂尔多斯盆地合水地区长 7 段致密油储层岩性主要为岩屑砂岩、岩屑长石砂岩和长石岩屑砂岩（图 2.9）。石英质量分数主要分布在 12%~63.5%，平均为 39%；长石质量分数为 8.5%~46%，平均为 21%，以钾长石和钠长石为主；岩屑质量分数为 20%~61%，平均为 38%，以变质岩岩屑和岩浆岩岩屑为主，沉积岩岩屑较少。

填隙物含量较高，包括杂基与胶结物，但多以杂基为主。胶结物主要为硅质、钙质、黏土矿物，次为黄铁矿等，其中硅质胶结多形成石英加大边和自生石英，钙质胶结多为方解石、铁方解石和铁白云石充填于孔隙，黏土矿物以伊利石及伊蒙混层和绿泥石为主。

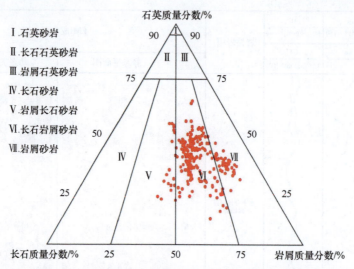

I.石英砂岩
II.长石石英砂岩
III.岩屑石英砂岩
IV.长石砂岩
V.岩屑长石砂岩
VI.长石岩屑砂岩
VII.岩屑砂岩

图 2.9　合水地区长 7 段油层组致密油储层成分三角图

　　粒度主要为细砂、粉砂级别，磨圆度以次棱角状为主，分选性中等-差。颗粒之间接触关系较为紧密，以线接触关系为主。胶结类型以孔隙式胶结为主，结构成熟度和成分成熟度较低。孔隙度为 0.37%～17.74%，渗透率为 0.001～2.56mD。大部分样品渗透率小于 1.0mD，具有典型的致密油储层特征。

3. 岩性岩相特征分类

　　由上面的论述可知，对储层岩石物理相进行分类命名首先要考虑到储层沉积微相特征，其次要综合考虑储层的成分成熟度、粒度、沉积构造、岩性等，本章研究综合考虑以上因素，将鄂尔多斯合水地区长 7 段致密油储层岩性岩相共划分为五个岩性岩相，分别为砂质碎屑流细砂岩相、浊积粉细砂岩相、滑塌细砂岩相、半深湖-深湖泥岩相及油页岩相，划分的标准如表 2.2 所示。

表 2.2　鄂尔多斯合水地区长 7 段致密油储层岩性岩相划分标准

岩性岩相类型	岩性	沉积构造	沉积描述
砂质碎屑流细砂岩相	细砂岩	块状层理，局部平行层理	含泥岩撕裂屑，储集相
浊积粉细砂岩相	细砂岩、粉砂岩	平行层理、沙纹层理	底部（A、B 段）含油性好，储集相；顶部（C、D、E 段）为储集相、烃源岩相
滑塌细砂岩相	细砂岩、粉砂岩和粉砂质泥岩	包卷层理、褶皱构造	砂泥混杂，砂岩脉为储集相
半深湖-深湖泥岩相	暗色泥岩、粉砂质泥岩	水平层理	含黑色植物碳化碎屑，烃源岩相
油页岩相	页岩	页理发育	见暗色斑点状黄铁矿，烃源岩相

1）砂质碎屑流细砂岩相

砂质碎屑流是三角洲前缘砂体在外界触发力作用下滑动崩塌而形成，多发育于湖盆中部，研究区内较少发育。岩心观察可得到砂质碎屑流主要特征以细砂岩为主，具有块状构造，原始物质分选性较好［图 2.10（a）］；砂岩底部含大量植物碎屑［图 2.10（b）］；多富含黑色角砾状泥岩撕裂屑，黑色泥砾是内源型泥岩碎屑，毛刺发育，具有定向性或成层性，反映沉积体呈层状运动且经过短距离搬运快速沉积［图 2.10（c）］；泥砾磨圆度好，颜色偏浅黄色，该类泥砾形成于三角洲平原［图 2.10（d）］；少见由粉砂质泥构成的砾石，砾石内部水平层理发育，上部可见次圆状的泥砾，推断发育水平层理的泥砾形成于浅水区；砂岩中含泥质粉砂团块，粉砂团块呈椭球形，发育同心层。砂质碎屑流底部发育负载构造。

（a）　　　　　　　　　　　　　　　（b）

（c）　　　　　　　　　　　　　　　（d）

图 2.10　砂质碎屑流细砂岩相岩心照片

（a）块状细砂岩，分选性较好；（b）灰白色粉细砂，底部含大量植物碎屑；（c）灰白色细砂岩，含泥砾；
（d）泥砾磨圆度好，浅黄色

2）浊积粉细砂岩相

湖相浊流沉积是指沉积物重力流在深湖、较深湖区环境中形成的重力流沉积，是密度流的一种特殊形式，其内部最突出最明显的特征就是粒级递变构造，即鲍马序列。浊流细砂岩主要分布在浊流相的下部，发育正粒序和平行层理，为鲍马序列的 A、B 段 [图 2.11（a）]；浊流粉砂岩相主要分布在浊流相的上部，发育沙纹层理，相当于鲍马序列的 D、C、E 段 [图 2.11（b）]。粒序层理的上部出现平行层理等牵引流构造，可能是浊流的尾部中细小的颗粒被加入的水稀释，流态变为牵引流。浊积岩底部形成槽模等底层面构造；发育火焰构造等同生变形构造；底部与下伏突变，顶部渐变的岩性接触关系 [图 2.11（c）和图 2.11（d）]。

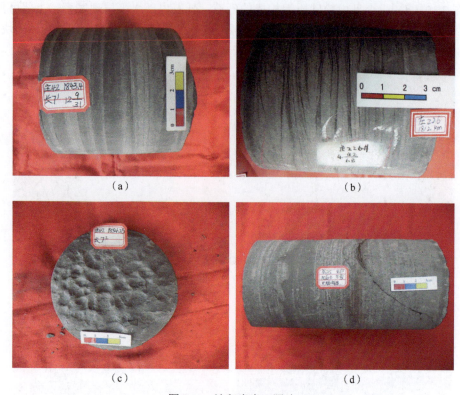

图 2.11　浊积岩岩心照片

（a）浊积岩下部发育平行层理；（b）浊积岩上部发育沙纹层理；（c）浊积岩底部的槽模构造；（d）火焰构造，底部与下伏突变，顶部渐变的岩性接触

3）滑塌细砂岩相

滑塌岩是滑塌作用较强烈阶段的产物，与碎屑流沉积的主要区别之一是与下伏层不一定有突变界面，向下和向上与正常层之间均可呈渐变接触。由岩心观察可看出，滑塌岩多为粉砂质泥岩或粉砂岩中，发育包卷层理和小型褶皱构造；滑塌体中见大小不一的角砾状的泥岩撕裂屑，底部发育滑动面，界面上下岩性差异显著；砂泥高度混杂，整体呈块状（图 2.12）。

（a）　　　　　　　　　　　　（b）

图 2.12　滑塌细砂岩相岩心照片

（a）小型包卷层理，与上部岩性差异显著；（b）滑动变形构造，底部发育滑动面，整体呈块状

4）半深湖-深湖泥岩相

泥岩多处发育，连续厚度较大，主要为灰黑色、黑色，厚层均质块状，多含黑色炭化的植物碎屑（图 2.13），局部层段发育水平层理。

图 2.13　灰黑色泥岩含大量炭化植物碎屑

5）油页岩相

合水地区长 7 段油页岩多见于底部，属于大型内陆湖盆的湖相油页岩，厚度约为 8～15m，品质好、成熟度适中，内部发育页理，见暗色斑点状黄铁矿（图 2.14）。

图 2.14 黑色油页岩

内部发育页理，中间为鲍马序列砂岩

2.2 岩性岩相的测井表征方法

2.2.1 库车拗陷巴什基奇克组

1. 沉积微相的测井识别

前已述及，克深地区巴什基奇克组沉积以辫状河三角洲和扇三角洲前缘沉积背景为主，发育的水下分流河道、河口坝等构成了主要的骨架砂体。水下分流河道微相在 GR 测井曲线上具明显的箱形或钟形响应特征，而河口坝微相 GR 测井曲线为典型的漏斗形。水下分流间湾则以高幅指状或齿化箱形为主，代表较弱的水动力条件（图 2.2）。因此在成像测井沉积层理、粒序等结构构造特征精细观察与描述的基础上，结合常规测井曲线幅度与形态分析，即可实现各单井纵向上沉积微相的测井识别与划分（图 2.2）。

2. 粒度中值、成分成熟度指数的测井计算

要实现岩性岩相的测井识别，需要在沉积微相测井识别与划分的基础上实现粒度中值及成分成熟度指数等岩性岩相表征参数的测井计算。本书采用的成分成熟度指数在铸体薄片资料齐全时可直接利用薄片统计资料来计算。当然，取心井是有限的而取心井段则更有限，因而相应的薄片资料也非常有限，为了获得纵向上连续的成分成熟度指数值，必须要借助测井资料。

由于对储层岩性响应较灵敏的测井曲线为 GR、SP、Pe 及 CAL 等，这里定义一个岩性指数：LI=GR/Pe（其中 GR 单位为 API，Pe 单位为 b/e），即为自然伽马 GR 与光电吸收截面指数 Pe 的比值，作为表征储层成分成熟度较好的参数。且一

般 LI 值越小，岩性指数 LI 值越小，石英+长石含量越高，岩屑含量相对越低，即代表储层岩性越纯，成分成熟度指数越大，一般情况下物性也越好（图 2.15）[1]。

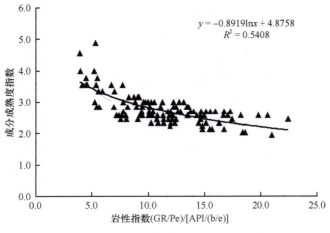

图 2.15　成分成熟度指数与岩性 LI 关系图

　　沉积物粒度参数主要包括颗粒粒度中值、平均粒径、颗粒分选系数、偏度和峰度等，这些参数均可以统计得到。粒度参数一般可通过岩石镜下薄片观察或粒度筛析法获得，其中粒度中值（M_d）是指根据粒度筛析资料绘制的概率累积曲线上颗粒含量为 50% 处对应的粒径，单位一般用毫米（或 Φ 值）来表示，通常粒度中值越大，代表粒度越粗，沉积物形成的水动力也越强。

　　在成分成熟度指数定量计算的基础上，本章优选对储层岩性岩相特征响应也较灵敏的粒度中值来表征不同岩性岩相，因此也通过建立粒度中值参数的测井计算模型来实现不同岩性岩相的测井识别与划分。

　　然而取心井和取心井段的限制，薄片资料及粒度筛析资料也是非常有限的，因此只有采用测井资料来计算粒度中值。前人研究结果表明，粒度较细的沉积物沉积过程中易吸附放射性物质，显示较高的 GR 值，因此颗粒粒度也与 GR 测井曲线响应灵敏，自然伽马测井曲线可以用来计算岩石颗粒的粒度中值。一般而言，粒度中值 M_d（mm）的对数 $\lg M_d$ 与 ΔGR（自然伽马相对值）为线性相关关系，通过对二者做线性相关回归分析，即可通过粒度中值与 ΔGR 的关系来计算粒度中值这一参数。经典算法如式（2.1）和式（2.2）所示：

$$\lg M_d = C_0 + C_1 \Delta GR \tag{2.1}$$

式中，M_d 为粒度中值，mm；C_0 和 C_1 均为经验系数，通过统计关系获得；ΔGR 为自然伽马相对值，ΔGR 计算公式为

　　① 王贵文，赖锦，张永辰，等. 2013. 大北克深地区白垩系岩石物理相类型及在测井储层评价中的应用. 中国石油天然气股份有限公司塔里木油田分公司内部研究报告。

$$\Delta GR = \frac{GR - GR_{min}}{GR_{max} - GR_{min}} \tag{2.2}$$

式中，GR 为自然伽马读数，API；GR_{max} 和 GR_{min} 分别为某一深度段内自然伽马曲线最大值和最小值（可直接通过人工读取），API。

本节以薄片资料和粒度筛析资料为依据，通过岩石颗粒粒度中值与自然伽马测井值统计关系及回归分析，建立的用测井曲线计算粒度中值（M_d）的回归公式为

$$\lg M_d = -0.5884 - 0.3129\Delta GR,\,[1] \qquad R^2 = 0.7247 \tag{2.3}$$

如图 2.16 为克深地区巴什基奇克组砂岩储层粒度中值与 ΔGR 的拟合关系图，可以看出二者具有良好的统计相关关系，表明通过 ΔGR 的方法计算粒度中值参数这一方法可行，能够达到较高的精度。

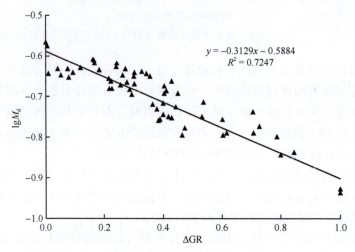

图 2.16　巴什基奇克组储层粒度中值与 ΔGR 关系

2.2.2　鄂尔多斯盆地延长组长 7 段

砂质碎屑流细砂岩相在测井曲线上表现为低电阻（50～100$\Omega \cdot m$）、低伽马（80～150API）、低声波时差（60～90$\mu s/ft$）、泥质含量小于 20%，均质厚层砂体的伽马曲线常呈箱形，多个砂体叠加时伽马曲线常呈齿状箱形或钟形；在成像测井上表现为均质、亮色、块状、厚层偶含暗色极薄层的泥岩撕裂屑（图 2.17）。

浊积粉细砂岩相在测井曲线上表现为低电阻（40～80$\Omega \cdot m$）、中高伽马（150～200API）、中声波时差（80～100$\mu s/ft$）、泥质含量为 20%～70%，伽马曲线

① 王贵文，赖锦，张永辰，等. 2013. 大北克深地区白垩系岩石物理相类型及在测井储层评价中的应用. 中国石油天然气股份有限公司塔里木油田分公司内部研究报告。

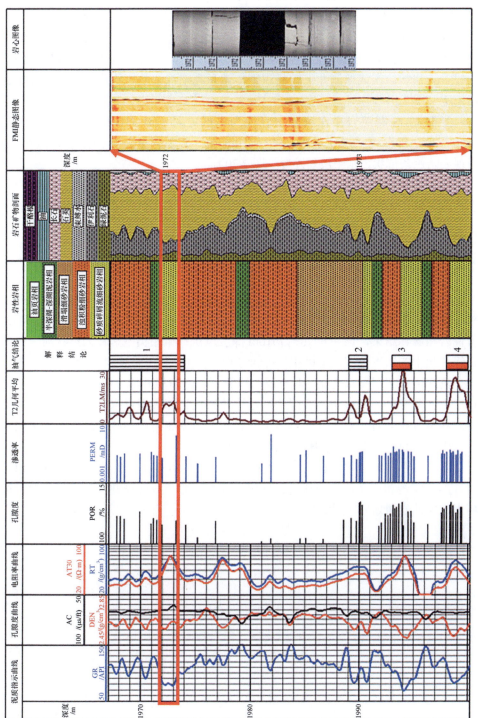

图 2.17　砂质碎屑流细砂岩相的测井曲线及成像测井特征
1、2 为干层；3、4 为差油层

多为齿状近箱形或钟形曲线频繁叠加；在成像测井上表现为暗色相对低阻的粉砂岩与亮色相对高阻的细砂岩互层，单段互层厚度不大（1m 左右）（图 2.18）。

滑塌岩在测井曲线上较难辨出，主要表现为低电阻（50～100Ω·m）、中低伽马（100～150API）、中声波时差（80～100μs/ft）、泥质含量为 20%～70%，伽马曲线多为齿状；在成像测井上较易识别，常呈亮暗混杂的块状形态，可见滑塌变形构造（图 2.19）。

半深湖-深湖泥岩相在测井上表现为中低电阻（50～100Ω·m）、中高伽马（150～200API）、中高声波时差（90～110μs/ft）、泥质含量大于 70%；成像测井上表现为暗色条带状，水平层理发育（图 2.20）。

油页岩相在测井曲线上具有高电阻（100～200Ω·m）、高伽马（＞250API）、高声波时差（100～130μs/ft）、泥质含量大于 70% 等特征；成像测井上呈高亮的厚层状，斑点状黄铁矿沿页理发育（图 2.21）。

2.2.3　单井岩性岩相测井识别

在沉积微相识别与划分的基础上，结合粒度中值、成分成熟度指数的测井计算，即可实现单井纵向上的岩性岩相测井识别与划分。如图 2.22 为克深 3 井单井岩性岩相解释结果，该井 6970～7010m 深度段沉积微相类型解释为辫状河三角洲前缘亚相中的水下分流河道微相（可通过箱形的 GR 测井曲线判定得出），而该水下分流河道底部则发育明显、具有反韵律特征的河口坝砂体，中间夹有薄层泥岩，粒度主要是中砂、细砂级别。因此判定该井岩性岩相类型以水下分流河道中、细砂岩相为主，同时，水下分流河道中砂岩和水下分流河道细砂岩岩性岩相中间常为水下分流间湾泥岩岩性岩相所分隔（图 2.22）。

针对鄂尔多斯盆地延长组长 7 段致密油储层，本书以城 96 井为例，通过对这些井实际常规和成像测井资料进行处理，根据岩心和成像测井资料实现了单井纵向上的岩性岩相划分（图 2.23）。

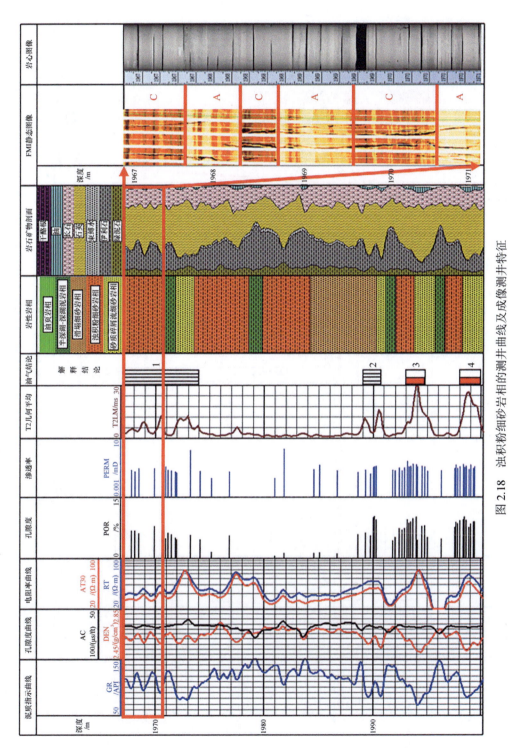

图 2.18　浊积粉细砂岩相的测井曲线及成像测井特征

1，2 为干层；3，4 为差油层。A，C 表示鲍马序列的 A 段和 C 段

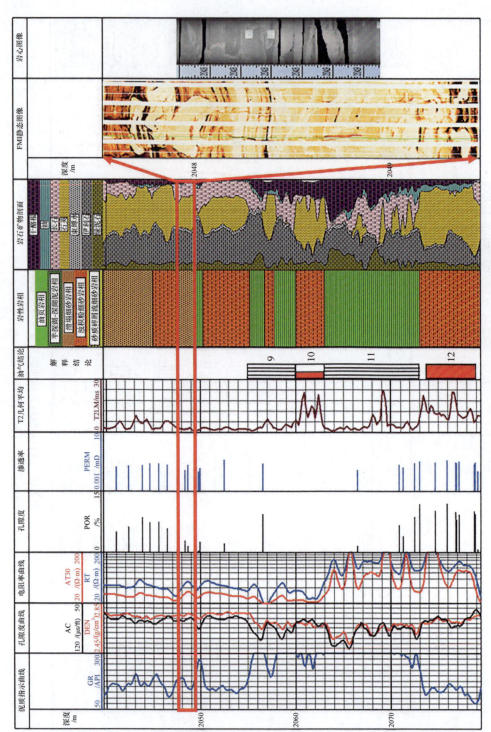

图 2.19　滑塌细砂岩相的测井曲线及成像测井特征

9、11 为干层；10 为差油层；12 为油层

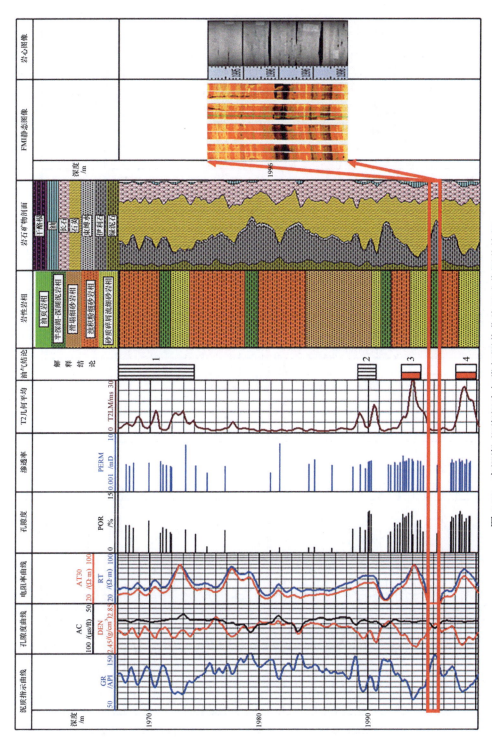

图 2.20　半深湖-深湖泥岩相常规测井曲线及成像测井特征

1、2 为干层；3、4 为差油层

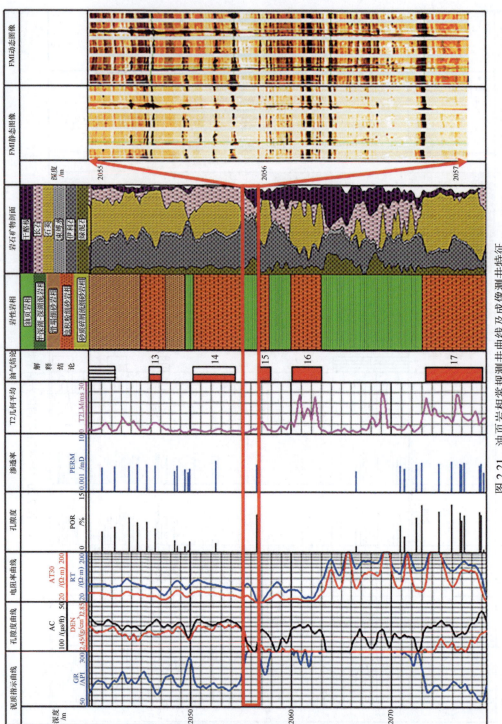

图 2.21　油页岩相常规测井曲线及成像测井特征

13、14 为差油层；15～17 为油层

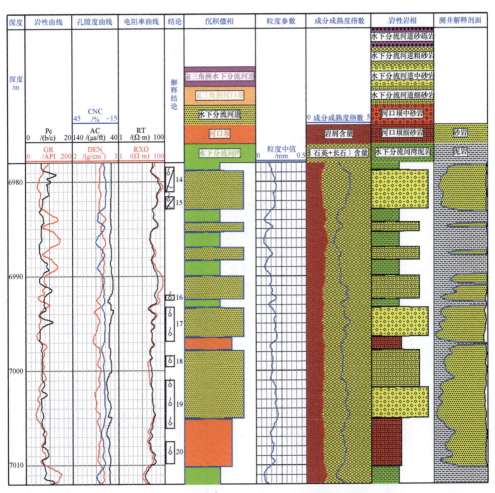

图 2.22　克深 3 井巴什基奇克组储层岩性岩相测井识别与划分

14，15 为差气层；16～20 为气层

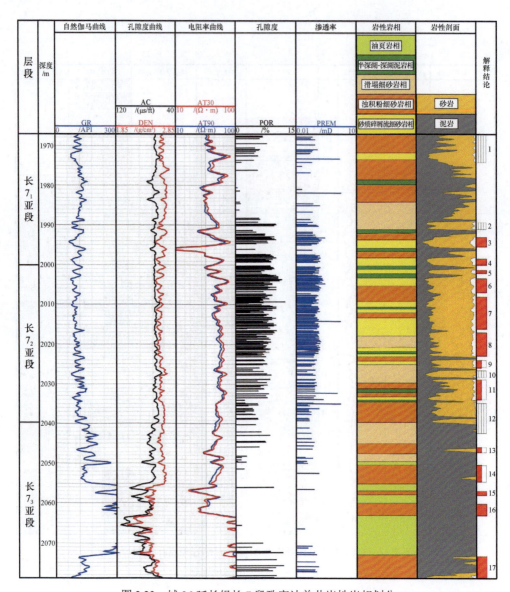

图 2.23　城 96 延长组长 7 段致密油单井岩性岩相划分

1，2，10，12 为干层；3～8，15～17 为油层；9，11，13，14 为差油层

第 3 章

成岩相的地质分类、表征参数及其测井识别方法

3.1　成岩相研究内容、控制因素与分类命名体系

成岩相是沉积物在特定的沉积和物理化学环境中，在成岩与流体、构造等作用下，经历一定成岩作用和演化阶段的产物，包括岩石颗粒、胶结物、组构和孔洞缝等综合特征。由成岩相的定义可知，成岩相主要包含三种内涵：成岩作用、成岩环境和成岩矿（产）物。

成岩作用一般可分为建设性成岩作用（溶蚀作用、破裂作用）和破坏性成岩作用（压实作用、胶结作用等）。但有些胶结作用，如成岩早期的绿泥石环边胶结由于能抑制石英的次生加大和增加岩石的抗压实强度，能有效保护原生孔隙，因而被当作建设性成岩作用类型。成岩作用对砂岩埋藏演化过程中的孔隙度和渗透率的产生、破坏及改造起着关键作用。成岩环境是指沉积物埋藏成岩过程中沉积物所处的温压条件和氧化还原环境等孔隙水流体性质，是构成岩石化学反应的外围条件和催化剂。成岩矿物既包括成岩作用以前的矿物，也包括在特定的温度、压力、pH 和氧化还原电位值（E_H）成岩环境中新生成的能够对成岩相起到指示作用的矿物，如石英次生加大、方解石、沸石、白云石及自生黏土矿物等。

成岩相的外延包括成岩阶段、成岩演化序列、成岩场、成岩相模式、成岩体系和成岩事件。

成岩阶段是对成岩相演变过程的时间划分，根据石油天然气行业标准《碎屑岩成岩阶段划分》（SY/T 5477—2003），结合岩石结构、孔隙类型、自生矿物分布及形成顺序、黏土矿物类型及混层黏土矿物的演化结果、镜质组反射率和古地温特征等，可确定沉积物所处的成岩阶段，一般可分为同生成岩阶段、早成岩阶段、中成岩阶段和晚成岩阶段等，如沉积物抬升剥蚀暴露至地表则为表生成岩阶段。成岩演化序列指成岩作用的先后顺序，是对成岩相演变过程的空间组合划分，可通过碎屑组分的岩石学特征及成岩变化、自生矿物的类型、产出形式、先后次序以及相互切割交代关系，结合各种成岩作用的特征来确定。通过成岩作用以及成岩演化序列的研究有助于评价储层孔隙结构成因及恢复其孔隙演化史。成岩场

指成岩反应赖以存在的环境及其物理化学条件的作用范围和梯度，是指与盆地动力学过程密切相关的能量的梯度和时空表现，其时空演化控制了成岩作用的强度、尺度和时空定位。研究成岩场有利于成岩作用系统分级从而可较好地认识宏观尺度上的成岩作用的时空演化。成岩相模式是以图解、文字或数学等方法表现的一种理想的和概括的成岩相。成岩体系是指成因上相关的成岩环境及成岩体的组合。成岩事件指成岩的过程、顺序和强度等，一般具共存性和继承性，即同一岩石中可发生多个成岩事件，且不同成岩阶段（环境）可连续发生同一成岩事件。

综上所述，控制碎屑岩储层成岩相的主要因素为成岩作用、成岩环境和成岩矿物，当然其外延如成岩阶段、成岩事件和成岩演化序列等也能对成岩相产生一定影响。因此，对储层展开成岩相研究时首先要在层序地层格架及区域沉积背景（物源、沉积体系和沉积相）等分析的基础上，通过对储层成岩作用环境（包括层序界面、沉积微相、岩石成分和组构及其空间分布特征）的分析，了解研究区沉积成岩作用的条件和控制因素。要考虑的主要是沉积物所经历的成岩作用、所处的成岩阶段、成岩环境、成岩过程中具有指示意义的矿物标志、主要成岩事件和成岩演化序列等。

目前尚未形成统一的成岩相分类命名方案，国内外学者对成岩相划分的主要依据是成岩作用、成岩矿物、成岩环境和成岩演化序列等。一些学者还结合地震、测井资料进行了不同类型成岩相分类研究的探索，在成岩相识别和评价上有所进展。

国内学者对成岩相的划分基本都包括了成岩作用，或是单一根据成岩作用来划分，或者将成岩作用与成岩矿物、成岩环境和孔渗特征等相结合，也有利用局部水动力单元的差异划分（表 3.1）。国外专家针对成岩相的划分依据和侧重点各有不同，本书主要引用邹才能等（2008）总结的成果以及近期最新的关于成岩相的划分命名方案（表 3.2）。

表 3.1　国内成岩相分类研究现状

学者	概念	划分依据	命名方案
邹才能等（2008）	构造、流体、温压等条件对沉积物综合作用的结果	勘探适用角度和成因性	低孔渗砂岩溶蚀相、致密砂岩胶结相
张响响等（2011）	一定沉积和成岩环境下经历了一定成岩演化阶段的产物	主要成岩作用、成岩矿物	致密强压实相、致密硅质胶结相等
石玉江等（2011）	一定沉积和成岩环境下经历了一定成岩演化阶段的产物	成岩作用类型和强度、成岩矿物	绿泥石衬边弱溶蚀相、不稳定组分溶蚀相等

表 3.2　国外成岩相分类命名方案

划分依据	学者	实例
岩石矿物成分	Ochoa 等（2010）	富钙蒙脱石相、富方解石蒙脱石相、文石和高镁方解石相、低镁方解石相和白云石相、石灰石相、白云岩相
成岩事件	Grigsby 等（2001）	石英胶结相、绿泥石胶结相、方解石胶结相、机械压实相等
成岩环境	Wilson 等（1985）	白云石化、大气水成岩相，石灰岩-泥岩相等
岩石物理及岩相学资料	Matzos 等（1995）	将 Snow Canyon 国家公园侏罗系 Navajo 砂岩划分出红色相、黄白相、红白过渡相等 6 种相；完全、部分成岩储集相

　　综合考虑近年国内外学者对成岩相研究的研究成果，本书认为划分储层成岩相时应首先确定沉积物经历不同成岩作用类型、强度和成岩演化序列后表现出来的成岩矿物等特征，再根据某一层段在某一地区所受的最主要的成岩作用来确定。一般要使划分出的成岩相具有时空性，某类成岩相时空分布的范围可称为成岩相区，必要时可利用点、线类的图件或对应的岩电资料与平面位置的相关资料来说明。一方面要使划分出的不同成岩相的直观特征，例如成岩作用类型及强度、成岩环境、成岩矿物及成岩演化序列不同，另一方面也要使其实质表现即储层岩石学、矿物学特征、胶结物、胶结类型及颗粒接触关系、排列方式和孔隙微观几何特征等也不同。成岩相命名时根据简约性的原则，次要的成岩作用可不参与命名，而根据控制储集物性的主要成岩作用类型和强度及成岩矿物（包括胶结物类型、产状）特征来命名成岩相，出现两种以上作用时则采用复合命名法，如强压实不稳定组分溶蚀成岩相，强调该层段成岩作用以压实和溶蚀为主，主要的成岩矿物特征是不稳定组分（长石、岩屑等）的溶蚀，由于经历较强压实作用，其成岩阶段一般处于中、晚成岩期，而不稳定组分的溶蚀一般指示酸性水成岩环境。

3.2　库车拗陷巴什基奇克组储层成岩相划分与测井判别

　　库车拗陷巴什基奇克组储层整体进入中成岩 A 期，经历中等-强的压实作用，若压实后以溶蚀和破裂作用占优势，则对储层物性有利，反之若以胶结作用占优势，则对储层物性起破坏作用。考虑成岩阶段的均一性，本节不把成岩阶段参与成岩相划分命名。而成岩矿物对成岩环境具有一定的指示作用，如伊蒙混层的出现一般指示埋藏较深的碱性环境，强烈的碳酸盐胶结一般也指示碱性环境，而长石、岩屑的溶解存在于酸性环境。由前面的论述可知，巴什基奇克组储层成岩矿物以碳酸盐胶结物为主，另外也有一些与早期碳酸盐同生沉淀的石膏胶结物，而黏土矿物类型则尤以伊利石和伊蒙混层为主，含有少量绿泥石，并残余少量高岭石。由于研究区碱性成岩背景环境，巴什基奇克组储层的石英次生加大及自生石英的含量也较少。因此划分成岩相时，根据命名的简约性原则，成岩环境也不直接参与划分命名，而是利用具有指示意义的成岩矿物定性表示成岩环境。

而由以上的研究可知，巴什基奇克组储层对储集物性影响较大的主要成岩作用类型有压实作用、胶结作用、溶蚀作用和破裂作用，而主要的成岩矿物是方解石、白云石、伊蒙混层和伊利石。因此在上述认识的基础上，根据成岩作用类型和强度、成岩矿物及其对储集物性的影响，将储层划分为压实致密、碳酸盐胶结、伊蒙混层充填三种破坏性成岩相及不稳定组分溶蚀、成岩微裂缝两种有利孔渗性成岩相类型，各成岩相具有不同的成岩作用组合和储层孔隙发育特征。

3.2.1 压实致密相

前已述及，研究区巴什基奇克组储层由于长期浅埋、短期快速深埋的埋藏方式导致其经历的压实作用强度相对不高，基本处于中等状态。然而有些层段由于泥质含量高，或者颗粒粒度较细，或是颗粒分选性差、砂泥混杂的原因（沉积条件的先天控制），导致其抵抗压实作用程度的能力较弱，从而在后期的深埋过程中被压实致密。研究表明，该类成岩相主要分布于水下分流间湾沉积微相中，或者水下分流河道末端的相对较弱水动力条件下形成的细粒沉积物中 [图 3.1（a）、(b)]，该成岩相发育层段一般物性很差或者不具备储集性能。

3.2.2 伊蒙混层充填相

前已述及，克深地区巴什基奇克组储层黏土矿物组合尤以伊利石、伊蒙混层为主，因此这里把伊利石、伊蒙混层充填划为一单独的成岩相主要就是考虑扫描电镜镜下观察到巴什基奇克组储层中存在大量的伊利石和伊蒙混层黏土矿物 [图 3.1（c）]。伊蒙混层对孔隙的充填易导致孔隙喉道堵塞，在减少孔隙空间的同时也对砂岩的渗透性有较大破坏作用，使储层物性下降，孔隙结构变得更复杂。由前面的论述可知，伊利石的形成过程通常都伴随有一定的石英（SiO_2）的形成，因此，在伊利石及伊蒙混层胶结的地方有时也可见一些石英胶结物 [图 3.1（c）]。但总体而言，储层石英次生加大及自生石英的含量相对少，因此本次研究也没有把硅质胶结当作一种成岩相而单独划分出来。且由于研究区伊利石的来源多是溶蚀作用的伴生产物，所以该成岩相发育层段一般有一部分残余溶蚀孔隙，储集性能差-中等，但渗流性能差，所以也一般对应差储层或非储层段。

3.2.3 碳酸盐胶结相

储层碳酸盐胶结物主要是连晶方解石，严重者可形成"悬浮砂"构造，即颗粒间形成呈点接触状为主的假象，掩盖了沉积物经历过压实改造后砂岩的真实结构特征，形成钙质胶结砂岩 [图 3.1 (c)、(d)]。虽说早期的碳酸盐胶结物能抵抗一定压实作用且可为后期溶蚀作用即次生溶孔的形成奠定结构和物质基础，但只是在个别薄片中看到碳酸盐胶结物有轻微溶蚀现象，因此强烈的碳酸盐胶结对储层物性具有强烈的破坏作用，是导致巴什基奇克组岩性致密的主要原因。不仅如此，后期的方解石胶结物还会充填于天然裂缝中 [图 3.1 (d)]，使本来在裂缝改造下物性较好的层段储层质量进一步下降，因此碳酸盐胶结相孔隙基本不发育，一般也难以形成有效储层。

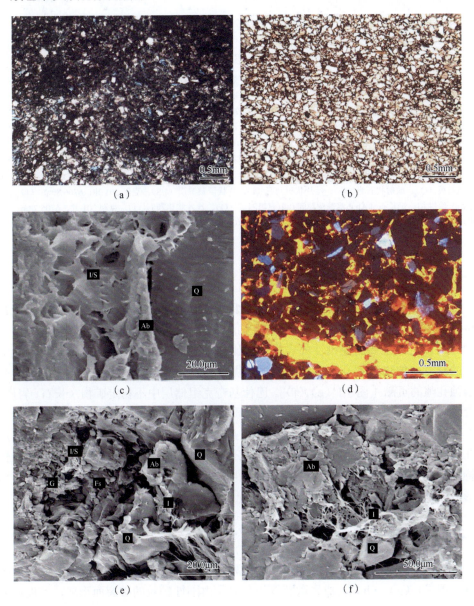

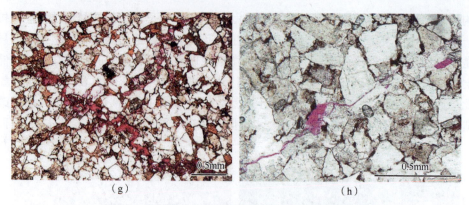

（g） （h）

图 3.1 巴什基奇克组储层成岩相典型薄片镜下特征

（a）压实致密成岩相：岩性为粉砂质泥岩，选一粒鉴定。粉砂较细小，成分为长英质，填隙物为泥质杂基（铁染），岩石致密，孔隙不发育，偶见粒间溶孔，克深 5 井，6799m。（b）压实致密成岩相：岩石以极细粒砂为主，细砂次之，颗粒呈棱角-次棱角状，点接触，铁染，泥质含量较高。局部可见方解石胶结物、白云石胶结物不均匀分布。孔隙不发育，未见有效孔隙，克深 205 井，7086.78m。（c）伊蒙混层充填成岩相：石英（Q）加大和钠长石（Ab）溶蚀及粒间孔隙充填片状伊蒙混层（I/S），克深 201 井，6509.13m。（d）碳酸盐胶结成岩相：石英主要发棕色光，少量发蓝紫色光，长石发天蓝、灰色和褐色光，岩屑发棕色光，粒间泥质不发光，方解石发橙黄色光，破裂缝中方解石发橙黄色，克深 202 井，6766.01m。（e）不稳定组分溶蚀相：钠长石（Ab）、长石（Fs）溶蚀及粒间孔隙充填石英（Q）、放射状石膏（G）、丝片状伊利石（I）、片状伊蒙混层（I/S），克深 201 井，6706.89m。（f）不稳定组分溶蚀相：钠长石（Ab）溶蚀及粒间孔隙充填石英（Q）、丝片状伊利石（I），克深 201 井，6705.73m。（g）见一条溶蚀缝，呈不规则状，宽窄不等，大小为 0.05～0.1mm，裂缝率 0.5%，克深 1 井，6983m。（h）成岩微裂缝，缝宽为 0.005mm，克深 201 井，6706.73m

3.2.4 不稳定组分溶蚀相

该成岩相即在压实背景下以不稳定组分的溶蚀作用占优势，且溶蚀孔隙未被伊蒙混层、方解石等充填，即胶结作用弱，不稳定组分溶蚀对巴什基奇克组储层物性来说是最主要的建设性成岩相。巴什基奇克组储层虽然基质普遍具有低孔低渗的特点，但仍发育孔隙度相对较高的优质孔隙型储层，其中一个重要原因就是溶蚀孔隙的贡献［图 3.1（e）、（f）］。巴什基奇克组储层中不稳定矿物（长石、岩屑）含量相对较高，这是溶蚀作用发生的物质基础和内在条件，后期表生成岩期大气淡水淋滤及有机质生烃产生的 CO_2 和 H^+ 是溶蚀作用发生的外部因素。溶蚀使储层孔隙度增大，渗流能力增强，不稳定组分溶蚀相发育层段一般表现出较好的物性特征，如孔隙度一般大于 10%。该成岩相发育层段如在裂缝发育的叠加作用下可形成裂缝性溶蚀孔隙型储层，是主要的优质储集体发育层段。

3.2.5 成岩微裂缝相

此次研究划分出成岩微裂缝相主要就是考虑薄片镜下观察到众多的成岩微裂缝［图 3.1（g）、（h）］。成岩微裂缝相主要是由刚性颗粒的破裂而形成，宽度通常小于 0.1mm，肉眼不能够识别，并以此特征与巴什基奇克组储层区域发育的宏观裂缝系统相区分。成岩裂缝主要是成岩过程中岩石经过压实、收缩而形成的，通常规模较小，对储层改造作用相对有限。但由于成岩微裂缝发育层段多是对应构造挤压应力或者成岩压实作用较强烈的层段，因此一般也是构造裂缝发育规模较大层段。在压实、胶结作用导致原生孔隙减少的背景下，次生溶孔、构造裂缝和成岩微裂缝的发育最终决定了巴什基奇克组储层物性的好坏。

3.3　储层成岩相测井响应特征分析

出于成本的考虑，一个地区的岩心和薄片资料总是有限的，而测井资料一般较丰富齐全，因此可在岩心和薄片分析确定成岩相的基础上分析不同成岩相的测井响应特征，确定常规通用的成岩相测井识别标准，从而有效评价成岩相。这主要是由于不同成岩相具有不同的成岩作用类型、成岩矿物组合特征，而测井技术获取的地层信息主要是地层岩石各种物理性质，如密度、电阻率、含氢指数和声波传播速度等。因此不同成岩相在岩石学、矿物学特征、胶结物和物性上的差异导致它们在测井曲线上具有不同的响应特征。所以，可通过测井响应与成岩相的对应关系，建立测井成岩相判别模型和评价方法，识别有利孔渗性成岩相和优质储层。

测井相—成岩相标准表征模式的建立是利用测井资料识别成岩相最关键的一步，因此，本节充分利用测井资料以及各种岩心以及薄片分析测试资料，通过精细归纳与统计分析，建立了研究区不同成岩相测井识别模式。由于对成岩相敏感度较高的常规曲线组合包括声波时差、自然伽马、密度、中子测井和电阻率等，本书通过各测井曲线与成岩相的对应关系，建立了识别储层成岩相的方法和准则如图 3.2 和表 3.3 所示。由图 3.2 不同测井参数交会图上可以看到，利用测井曲线组合能够较好地将不同成岩相区分开来。

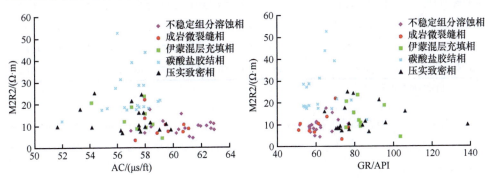

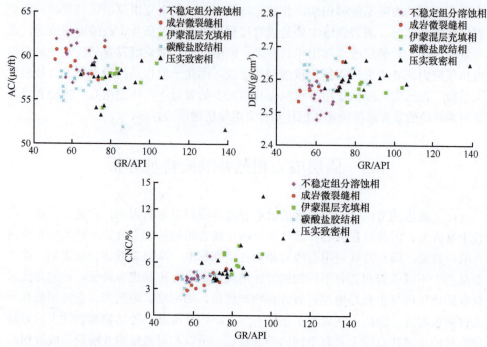

图 3.2　巴什基奇克组储层不同类型成岩相测井参数交会图

　　总体上，压实致密相主要发育在塑性岩屑或云母及原生杂基含量较高的层段，因此表现出中-高伽马、高中子和高密度的测井响应特征，声波时差值变化范围较大，总体孔隙度低，物性差，同时深侧向与浅侧向测井曲线重合，表明储层经历了强烈的压实作用（图 3.2 和表 3.3）。

表 3.3　克深气田巴什基奇克组储层成岩相测井响应特征（括号内为平均值）

成岩相类型	GR/API	AC/(μs/ft)	CNC/%	DEN/(g/cm³)	M2R2/(Ω·m)
不稳定组分溶蚀相	52~77（62）	57~63（61）	2.8~6.8（4.3）	2.54~2.60（2.57）	4.6~12.3（8.6）
成岩微裂缝相	51~77（63）	57~61（59）	2.8~5.3（3.9）	2.53~2.70（2.60）	3.5~22.0（10.1）
伊蒙混层充填相	76~104（85）	54~59（57）	4.7~12（7.1）	2.53~2.56（2.59）	4.5~23.7（13.8）
压实致密相	65~139（82）	52~60（57）	4.0~14（5.9）	2.57~2.66（2.60）	2.8~24.9（11.8）
碳酸盐胶结相	54~86（62）	52~59（56）	2.3~7.0（4.1）	2.57~2.68（2.62）	12.0~52.6（24.8）

注：括号内的数据为平均值。

　　碳酸盐胶结相在测井响应上表现为低自然伽马、低中子、低声波时差和高密度（大于 2.6g/cm³），也体现出物性较差的特征，电阻率较高，一般超过 50Ω·m（图 3.2 和表 3.3）。

　　伊蒙混层充填相一般表现为中-高伽马，中-高中子，密度中等，声波时差中等，由于黏土矿物（伊利石和伊蒙混层）的导电性，其电阻率相对较低（图 3.2 和表 3.3）。

不稳定组分溶蚀相由于多对应砂体较纯且物性较好层段，测井响应特征表现为低的自然伽马值、中-高中子测井值和相对较小的密度值，受储层含气性影响，电阻率变化范围较大（图 3.2 和表 3.3）。

为了使成岩相直观地表达出来，可借鉴测井沉积学常用的蜘蛛网图来表征成岩相。以图形区分不同成岩相，具有直观、简洁明了的特点。图 3.3 是根据表 3.3 中归纳总结的五种不同成岩相在自然伽马、密度、补偿中子、声波时差和电阻率五条测井曲线上的响应特征（平均值）投点形成的识别成岩相的蜘蛛网图，可通过蜘蛛网图来区分各种不同的成岩相（图 3.3）。

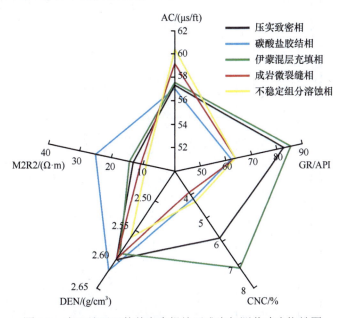

图 3.3 克深地区巴什基奇克组储层成岩相测井响应蜘蛛图

3.4 单井成岩相测井识别

在以上不同成岩相常规测井曲线响应特征归纳总结的基础上，分别建立了不同成岩相的测井识别模式与准则，即包括不同成岩相测井参数交会图、蜘蛛网图及测井响应特征的总结表（图 3.2、图 3.3 和表 3.3）。然后据此可对单井的实际测井资料进行分析和处理，实现各单井目的层段成岩相的测井识别。图 3.4 为克深 2 井巴什基奇克组储层 6572～6610m 深度段基于常规测井资料的成岩相识别结果。克深地区各单井纵向上的成岩相识别结果表明，压实致密相常对应水动力较弱的

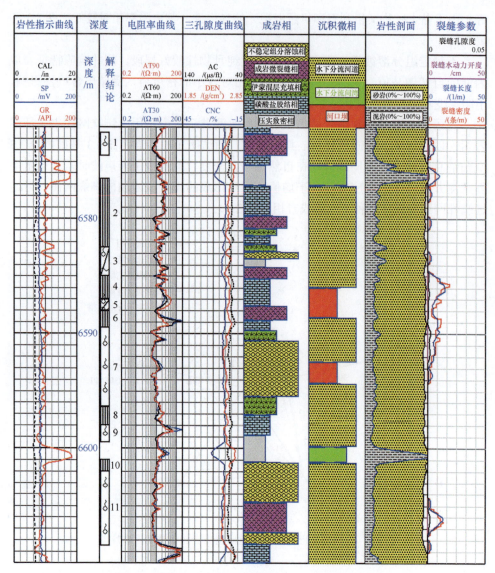

图 3.4　克深 2 井巴什基奇克组储层单井成岩相划分

2, 4, 6, 8, 10 为干层; 3, 5 为差气层; 1, 7, 9, 11 为气层

水下分流间湾沉积环境, 主要就是由于泥质含量高而易于被压实致密, 而伊蒙混层充填相通常对应 GR 值较高的层段, 碳酸盐胶结相常与压实致密相毗邻, 主要就是邻近泥岩层段的砂岩容易出现钙质胶结, 而不稳定组分溶蚀相则主要出现于大套砂岩层段的中部。根据成岩相识别与物性分析和试气的匹配结果, 成岩微裂缝相常与构造裂缝相伴生, 因此是主要的裂缝型"甜点"发育带, 而在无构造裂缝的叠加作用时, 不稳定组分溶蚀相含气性最好。干层对应层段一般裂缝不发育, 要么是沉积相较差且成岩作用较强, 形成压实致密成岩相, 要么是储层虽形成于

有利的沉积微相带，但由于后期破坏性的成岩相如碳酸盐胶结相的叠加，导致其变得致密因此含气性也差。总体而言，气层对应层段要么是构造裂缝发育，要么是虽不发育构造裂缝，但其成岩相类型为不稳定组分溶蚀相类型（图 3.4）。

3.5　鄂尔多斯盆地延长组长 7 段致密油储层成岩相划分

长 7 段致密油储层整体进入中成岩 A 期，经历中等-强程度的压实作用，当压实后以溶蚀作用占优势时，对储层物性有利；当胶结作用占优势时，对储层物性起破坏作用。在对长 7 段致密油储层成岩特征精细观察并高度综合和概括其成岩演化规律的基础上，根据成岩作用类型和强度、成岩矿物及其对储集物性的影响，将储层划分为压实致密相、碳酸盐胶结相、黏土矿物充填相三种破坏性成岩相以及不稳定组分溶蚀有利孔渗性成岩相，各成岩相具有不同的成岩作用组合和储层孔隙发育特征。

3.5.1　压实致密相

合水地区长 7 段致密油主要为半深湖-深湖区重力流沉积，包括经典浊积岩、砂质碎屑流沉积等，其矿物成熟度和结构成熟度都较低，杂基含量相对高。该类深水砂岩颗粒粒度细、云母和绿泥石等塑性颗粒含量高、陆源碳酸盐岩岩屑与伊利石杂基发育的岩石学特征是造成储集层抗压实能力较差、胶结强烈、储集层致密的关键因素。尤其是浊流顶部形成的泥质粉砂岩和粉砂质泥岩及黏土含量较高的砂质碎屑流沉积物中，或者是深湖、半深湖的泥质沉积中，由于颗粒粒度最细，砂泥混杂，塑性组分含量高，沉积物抗压实能力弱，在深埋藏过程中压实作用强烈，形成压实致密相，镜下表现为颗粒粒度细、颗粒间主要为线接触、基本无可视孔隙，该成岩相发育层段一般物性很差或者不具备储集性能 [图 3.5（a）]。

3.5.2　碳酸盐胶结相

深水砂岩一般富含白云岩岩屑，在成岩演化期有机质脱羧生烃产生的有机酸作用下，白云岩岩屑首先发生溶解，释放出大量的碳酸根离子，在油气充注之后的还原环境中以铁方解石和铁白云石大的形式沉淀下来。此外，长 7 段致密油内部烃源岩的有机质含量较高，因此其吸附的金属阳离子（Mg^{2+}、Ca^{2+} 等）含量也相对比较高，有机质热成熟过程中除释放有机酸、CO_2 和烃类外，同时也要释放出金属阳离子，同时，泥岩中的黏土矿物转化（蒙脱石伊利石化）也要释放出一定的 Mg^{2+}、Ca^{2+} 等，这些富含 Mg^{2+}、Ca^{2+} 的流体将与长 7 油层组内部的与泥岩毗邻的砂岩表面沉淀形成碳酸盐胶结物。碳酸盐胶结作用使得孔隙明显减少，是储

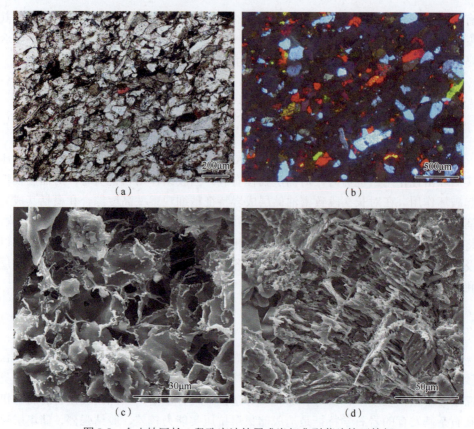

图 3.5　合水地区长 7 段致密油储层成岩相典型薄片镜下特征

（a）压实致密相，碎屑定向分布，塑性岩屑变形，庄 187 井，1589.0m；（b）碳酸盐胶结相，庄 214 井，
1782.85m；（c）黏土矿物充填相，庄 79 井，1883.49m；（d）不稳定组分溶蚀相，庄 124 井，1722.93m

集层致密化的重要因素。碳酸盐胶结相是主要的破坏性成岩相，占据了大量的孔隙体积，使喉道进一步缩小，储集层更加致密，孔渗性更差［图 3.5（b）］。

3.5.3　黏土矿物充填相

黏土矿物（包括伊利石、伊蒙混层和绿泥石）对孔隙的充填易于导致孔隙喉道堵塞，减少孔隙空间的同时也对砂岩的渗透性有较大破坏作用，使储层物性下降，孔隙结构变得更为复杂。由于研究区的深水重力流沉积背景，常在三角洲前缘砂体中出现能抑制石英自生加大，使原生粒间孔得以较好保存的绿泥石膜总体不发育，而以孔隙衬里和玫瑰花状形态出现的绿泥石则跟伊利石和伊蒙混层一起归类到黏土矿物充填相中，是除了碳酸盐胶结相和压实致密相之外的另一破坏性成岩相（图 3.5）。陆源杂基含量对储集层渗流能力具有重要的影响，长 7 段重力流沉积物中杂基含量相对较高，无论是片状的陆源杂基伊利石，或是成岩中晚期形成的丝缕状伊利石等黏土矿物，它们充填于孔隙中或附着于颗粒表面，将大的粒间孔隙分割形成大量的黏土矿物晶间束缚孔隙，导致孔隙细且连通性差，严重影响了储集层的渗流能力。

3.5.4　不稳定组分溶蚀相

该成岩相即在压实背景下以不稳定组分的溶蚀作用占优势，且溶蚀孔隙未被伊蒙混层、方解石等次生矿物充填，对研究区长 7 段致密油储层而言，原生孔隙基本丧失，砂体仍具有储集性能主要是溶蚀孔隙的贡献，增加或扩大了孔隙喉道，使孔隙的连通性变好［图 3.5（d）］。由于长 7 段致密油中发育的重力流砂体大多与烃源岩直接接触，一方面，源储压差大有利于砂体充分吸取烃源岩提供的油气；另一方面，也有利于次生溶蚀孔隙产生从而储集更多油气。前已述及，在颗粒粒度较细、分选性较差或泥质含量较高的层段，主要形成压实致密相，与此同时，溶蚀作用较发育的样品，均具有颗粒粒度较粗、分选性较好的特征，因此，不稳定组分溶蚀相一般出现于浊流沉积的底部及一部分砂质碎屑流沉积体中，受沉积物原始组分和结构的影响，这些砂体在埋藏压实过程中，原生孔隙能够得到一定保存，同时有利于次生孔隙的产生，在后期油气充注过程中，伴随的有机酸性水容易在砂体内部流动，水-岩作用更彻底，有利于溶蚀孔隙的规模形成。

3.6　鄂尔多斯盆地延长组致密油储层成岩相测井判别

目前成岩相的识别与划分主要是根据能够反映岩心样品微观特征的扫描电镜、铸体薄片及阴极发光资料的分析来完成，考虑到取心的成本，一个地区的岩心薄片资料总是有限的，因此不能连续反映储层的成岩相。测井技术获取的地层信息主要是地层岩石各种（宏观）岩石物理性质，具有连续记录钻遇地层各种岩石物理信息的技术特点，因此可在地质岩心薄片分析确定成岩相的基础上分析不同成岩相的测井曲线特征，确定常规通用的成岩相测井识别标准，从而有效评价成岩相。不同成岩相在岩石学、矿物学特征、胶结物和物性上的差异导致了它们在测井曲线上具有不同的响应特征，这是利用测井资料识别与探测不同成岩相的物理基础。

本节首先根据铸体薄片、扫描电镜、阴极发光等分析测试研究资料确定岩心取样点的成岩相类型，在岩心归位和测井曲线标准化的基础上，通过岩心刻度测井精细归纳与统计分析四种不同成岩相的不同测井响应特征值，并进一步做散点图分析。由于对成岩相敏感度较高的常规曲线组合包括声波时差、自然伽马、密度、中子测井和电阻率等，利用这些测井曲线的交会图将不同的成岩相区分开来

（图 3.6）。由图 3.6 可见，利用 GR、AC 和 DEN 测井曲线能够较好地将不同类型成岩相区分开来，虽然各类成岩相的分布有重叠，但以密度-自然伽马交会图为例，能够较好地将四类成岩相进行区分。密度测井能够反映储层的总孔隙度，伽马测井则能反映泥质含量。一般不稳定组分溶蚀相由于砂体相对较纯净且长石、岩屑多发生溶蚀作用，因此孔隙度高、泥质含量小；黏土矿物充填相由于高 GR 的伊利石、伊蒙混层等充填于粒间孔隙，使储层密度和自然伽马均相对增大；碳酸盐胶结相由于成岩作用早期方解石和晚期含铁碳酸盐等的胶结作用，岩石变得十分致密，具有较高的密度；压实致密相主要发育在塑性岩屑或云母及原生杂基含量较高的层段，其岩性包括泥岩、泥质含量高的致密粉砂岩等，因此整体具有高 GR 的特征。因此在上述综合统计分析的基础上，即可建立研究区不同成岩相判别标准，并可利用该标准对研究区的储层进行成岩相的识别，进行单井成岩相分析。

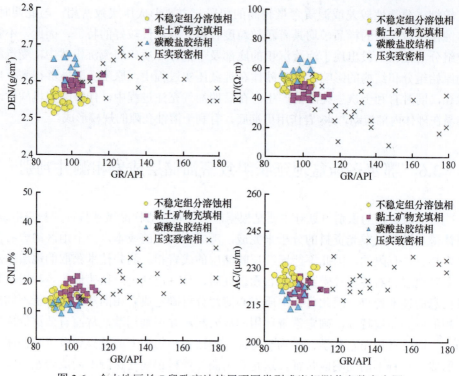

图 3.6 合水地区长 7 段致密油储层不同类型成岩相测井参数交会图

　　图 3.7 和图 3.8 为根据图 3.6 建立的不同成岩相测井判别的图，通过以上常规测井的综合分析，即可识别单井上成岩相的划分，总体而言，单井上成岩相分布体现出较强的非均质性，通过常规测井判别的结果与薄片分析资料具有较好的一致性。不稳定组分溶蚀相对应的孔渗值较高，其次为黏土矿物充填相和碳酸盐胶结相，压实致密相具有低的孔渗值。成岩相与由伽马测井计算得到的岩性剖面有明显的对应关系：不稳定组分溶蚀相对应的砂质含量较高，而压实致密相则对应较高的泥质含量且易于被压实，黏土矿物充填相由于伊利石、伊蒙混层等充填孔隙使其泥质含量相对中等偏高，碳酸盐胶结相则具有明显的低泥质含量（图 3.7、图 3.8）。

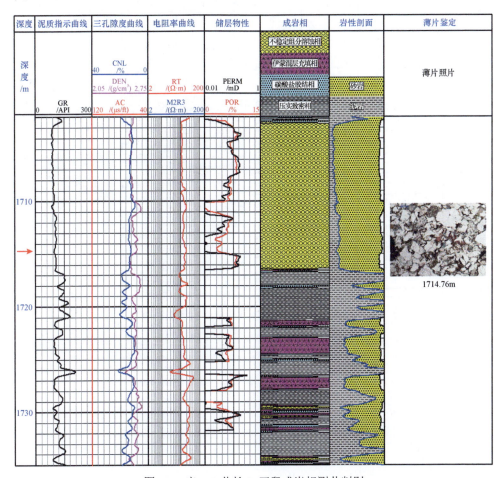

图 3.7　庄 193 井长 7_1 亚段成岩相测井判别

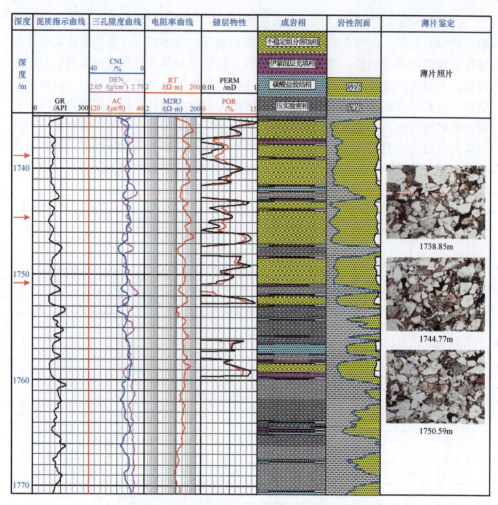

图 3.8   庄 193 井长 7_2 亚段成岩相测井判别

第 4 章

裂缝相的地质分类、表征参数及其测井识别方法

库车拗陷巴什基奇克组致密砂岩储层埋藏较深且处于南天山造山带山前，是主要的应力集中带，同时由于岩石致密，强度及脆性程度较强，受岩性、层厚、构造挤压及应力等因素影响，岩石会不同程度地产生裂缝。一般致密砂岩储层只有发育裂缝，才能成为油气运移的良好通道。因此基质孔渗性差的致密砂岩储层，其产油气能力主要取决于储层中裂缝发育的情况，裂缝不仅可以使孤立的孔洞得以连通，发育成有效的储集空间，并显著改善基质渗透率，降低有效储层物性下限，同时裂缝对油气井的产能有直接影响，决定了基质的泄油气能力和油气井的供油面积。事实上，在致密储层中，裂缝不仅控制着油气藏的分布，而且是油气藏开发方案研究的重点内容。由于储层含油气性和产能对裂缝的依赖性极强，因此裂缝的识别是储层评价及勘探部署的重要依据。裂缝的形成机理、分类方法、裂缝发育特征的精细描述和分布规律预测等是裂缝性致密砂岩储层勘探开发的关键。

本书结合岩心、露头观察及成像测井资料解释，提出了一套适用于克深地区巴什基奇克组致密储层的裂缝相分类方案，并结合常规和成像测井资料解释，建立裂缝相的测井识别评价方法，实现各单井裂缝相的测井识别与划分。

而鄂尔多斯盆地合水地区位于构造活动相对稳定区（平缓大斜坡），延长组长 7 段储层并未形成大型的褶皱和断裂，破裂作用并不普遍，裂缝发育规模较小，实际的岩心观察和成像测井观察结果均表明，长 7 段致密油储层中裂缝不甚发育，因此针对鄂尔多斯盆地延长组长 7 段致密油储层，并没有划分出单独的裂缝相类型。

4.1 裂缝发育影响因素

裂缝系统的成因机理研究可增加对裂缝形态和分布的可预测性。裂缝形成机理及控制因素分析，以及裂缝的分布规律研究是储层裂缝预测和评价的重要内容，也是提高该类油气藏勘探开发效果的关键。裂缝的发育程度主要受古构造应力场、构造位置、沉积微相、岩性及岩层厚度等内外因素的影响，由于不同部位构造应

力分布的不均一性，从而使其裂缝的发育程度也各具差异，在同一构造部位岩性和岩层厚度是影响裂缝发育的重要因素。现今应力场影响裂缝的保存状态与渗流能力，通常与现今应力场最大主应力方向近平行的裂缝渗透性最好，但其他方向裂缝的渗流作用也不容忽视。在不同的层位和构造部位，由于其岩性组合、岩相特征及所受到的应力不同，裂缝的发育程度具有明显的差异。裂缝的形成与分布受储层岩性岩相和构造应力场双重因素的控制，它们分别是影响裂缝发育程度的内因与外因。

4.1.1 构造应力场

古地应力作用对储集层影响具有两面性：一方面是增加了油气储层评价的难度，另一方面是扩大了油气勘探的深度和领域。构造应力是控制裂缝形成与发育的重要因素，它主要通过控制不同构造部位的局部应力场分布来控制岩石裂缝发育程度。如在褶皱中，轴部和倾伏端部位等地应力相对集中的部位，裂缝发育密度大，而在翼部等构造主曲率小的部位，裂缝发育程度相对低，总体而言背斜核部比翼部裂缝较为发育。

裂缝发育程度除了受褶皱因素影响外，还受断层影响，断层是地应力集中释放的结果，是控制裂缝发育程度的另一重要外部因素，由于断层活动造成的应力扰动作用，使断层附近的裂缝分布具明显分带性。断层附近应力相对集中，裂缝明显发育，远离断层，裂缝密度呈下降的趋势。由于断层常可作为油气运移通道，因此受断层控制的裂缝通常构成良好的油气储集空间。一般断层上盘裂缝较下盘发育，同时也受断层力学性质影响，压扭断层裂缝最发育，逆冲断层次之，走滑断层再次之，而正断层相应裂缝发育规模最小。

事实上，正如每一种构造样式在微观尺度上都有其表现形式一样，裂缝是断裂在标尺缩小时的表现形式，而微裂缝则是宏观裂缝的微观表现。裂缝与断裂本质上没有区别，只是规模和尺度不同，二者在形成机制上是类似的。断层一般是在裂缝大量发育的基础上进一步发展形成的，由于岩石的破裂是一个微裂缝的不断发展演化过程，裂缝与断裂的形成可以是同一构造应力场不同演化阶段的物质表现。地层在构造应力作用下，宏观裂缝的产生必然伴随着微裂缝的形成，两者的发育趋势是一致的。微裂缝、宏观裂缝及断裂在结构上是自相似的，在一定比例尺下的断裂体系具有分形特征。

4.1.2 岩性岩相

裂缝的形成与分布除受构造应力控制外，岩石的组分和结构特征的差异导致的岩石机械强度的不同也会对其裂缝的发育程度产生影响。裂缝的分布与发育程度受岩层控制，裂缝通常分布在岩层内，与岩层近于垂直，并终止于岩性界面上。

因此，岩性是影响裂缝发育的主要内因，对裂缝的发育存在显著的影响。在特定的构造应力作用下，裂缝的发育程度会因岩性的不同而差异明显。影响裂缝发育的岩性因素主要是岩石成分、颗粒大小和孔隙度等，岩石的力学性质因岩石的组分、结构和构造等不同而各异。岩石成分主要是指岩石中的石英、长石和方解石等脆性矿物的含量，在相同条件下，脆性组分含量越高，岩石越容易发生脆性破裂，其裂缝发育程度越高。相应地，随着塑性的泥质含量的增加，裂缝密度变小。岩石的颗粒大小也影响裂缝的发育程度，颗粒粒度越细，岩石在地质历史时期相应易于被压实而致密，导致其脆性增强，在相同的地应力条件下更容易形成裂缝，因而较细颗粒岩石中裂缝更为发育。另外，地层中的裂缝密度与地层的厚度呈负相关性，同一应力环境下，薄砂层裂缝发育程度比厚砂层要大。因此一般砂岩的裂缝密度比泥岩大，较纯净的砂岩随着其孔隙度减小，岩石强度将降低，在相同应力条件下，更易产生破裂。由粉砂岩、细砂岩、粉细砂岩或钙质砂岩组成的厚度较薄的致密层段，脆性较强，越易产生构造裂缝。

4.1.3　非均质性和流体压力

除了构造应力和岩性岩相特征能够控制岩石裂缝发育特征以外，其他因素如非均质性和流体压力也能影响裂缝的形成与分布。异常流体压力可引起岩石内部的有效正应力下降，导致岩石剪破裂强度下降，容易产生裂缝。而由于沉积和成岩作用造成的岩层非均质性，也能一定程度上对不同方向裂缝的发育程度产生影响。前已述及，沉积因素主要通过控制不同部位的岩石组分、粒度及层厚来控制其裂缝发育程度。而由沉积因素导致的沉积构造特征的差异也能对岩石裂缝的形成与分布产生影响，如交错层理、层界面和冲刷面等，由于这些界面本身属于应力薄弱面，在一定应力作用下容易沿界面裂开。

4.2　储层裂缝发育特征及分类方案

4.2.1　露头及岩心观察

无论是野外露头观察和岩心描述，或者是岩石力学模拟实验，一般主要是根据裂缝的力学成因或地质成因进行精细分类，如裂缝按其力学成因机制一般可分为张裂缝、剪裂缝和张剪裂缝，分别代表张应力、剪应力及二者综合作用形成的裂缝。而按其地质成因一般可将裂缝分为构造裂缝和非构造裂缝两大类，其中构造裂缝是致密储集层中发育的主要裂缝类型，对油气勘探开发起着重要影响，主要包括张、剪裂缝等，多与断层和褶皱等局部构造有关，另外也包括区域裂缝。区域裂缝是在区域构造应力场作用下形成的分布广泛而不受局部构造控制的裂缝系统，一般具有分布规则、产状稳定、规模大、延伸较远、裂缝走向平行于区域最大主应力方向，且为垂直张性裂缝的特征。区域裂缝系统同时也能广泛存在于张、剪裂缝不甚发育的构造平缓区域，对油气的运移和聚集起重要作用。而非构造裂缝主要指收缩裂缝、卸载裂缝、风化裂缝和层理缝等，但其发育相对较少；非构造成因的成岩裂缝主要表现为矿物颗粒的粒内缝和粒缘缝，与沉积物在地质历史时期经历的强压实压溶或构造挤压作用有关（表 4.1）。

表 4.1 裂缝分类方案

文献	分类依据	裂缝类型
曾联波等（2007）	控制天然裂缝形成的地质因素	构造裂缝、区域裂缝、成岩裂缝、收缩裂缝和与表面有关的裂缝
曾联波等（2009）	力学成因	剪裂缝、张裂缝和张剪缝
曾联波等（2007，2008）	地质成因	构造裂缝和非构造裂缝（成岩裂缝、收缩裂缝、卸载裂缝、风化裂缝、层理缝）
郝明强等（2007）	裂缝面形态	开启裂缝、闭合裂缝、变形裂缝和充填裂缝
申本科等（2005）、郝明强等（2007）	裂缝产状	近水平缝、斜交裂缝、高角度裂缝和网状裂缝
贺振华等（2005）	对流体赋存和运移有实际贡献的尺度	矿物颗粒的微裂缝、岩石尺度的宏观裂缝、地层尺度的小断裂和地质尺度的大断裂
童亨茂等（2006）、李建良等（2006）、李佳阳等（2007）、张筠等（2010）	成像测井解释	天然裂缝（高阻缝和低阻缝）、诱导缝（钻具振动缝、井壁压裂缝和应力释放缝）

4.2.2 测井解释分类

常规测井由于资料精度限制，一般只能做到裂缝发育特征的定性判别，难以达到裂缝精细描述与分类的目标，而声、电成像测井所获得的图像不仅能够直观、连续地显示出环井壁一周地层岩性、结构和构造的微细变化，更可以用于识别裂缝形态及划分裂缝类型，还能够用于裂缝的定量分析，计算裂缝孔隙度和裂缝密度等参数，因而在裂缝分类方面具有独到的优势。由于通过成像测井资料可以直观、形象并清晰地得到井剖面的裂缝发育特征，包括裂缝的产状、展开程度、有效性和延伸情况等。因此根据成像测井一般将图像上肉眼能识别拾取的裂缝分为两大类，即天然裂缝和诱导裂缝，天然裂缝可进一步分为有效的高导张开缝和无效的高阻充填裂缝，钻井诱导缝又可进一步分为钻具振动缝、重泥浆压裂缝和应力释放缝三类。

另外，无论是通过露头、岩心观察或者是成像测井解释，裂缝均可按其产状分为水平缝、垂直缝、斜交缝和网状缝。或根据裂缝面的形态将其分为开启裂缝、闭合裂缝、变形裂缝和充填裂缝。此外，根据岩心观察、成像测井和薄片鉴定等观测手段分辨率不同，广义的裂缝又可按其规模和尺度分为断裂、宏观显裂缝和微观裂缝等。由于裂缝的演化和岩石破裂具有自相似性，微裂缝作为宏观裂缝的雏形制约了宏观裂缝的形成与扩展。且虽然微裂缝一般通过测井等常规手段无法识别，但对改善致密砂岩储层的孔隙结构和渗流性能起着积极的作用。

4.2.3　储层裂缝相综合分类命名

裂缝相的划分主要可根据对流体渗流影响很大的裂缝开启性、裂缝密度、裂缝产状、裂缝长度和裂缝孔隙度等参数。本书参照前人研究成果，针对巴什基奇克组储层建立相应的裂缝相划分标准如表 4.2 所示（此处的裂缝指在岩心上能肉眼识别或是在 FMI 成像测井图上能够人工拾取的宏观裂缝，宽度一般大于 0.1mm）。

表 4.2　巴什基奇克组储层裂缝相划分标准

裂缝相（级别）	裂缝角度/ (°)	裂缝线密度/ (条/m)	裂缝长度/ (m/m²)	裂缝孔隙度/%
网状缝	—	> 10.0	> 25.0	> 0.2
高角度斜交缝	70.0～90.0	3.0～10.0	15.0～25.0	> 0.1
低角度斜交缝	30.0～70.0	3.0～10.0	3.0～15.0	> 0.1
近水平缝	< 30.0	< 3.0	< 3.0	< 0.1

裂缝的研究方法众多，但最直接、最有效和最可靠的方式仍是岩心的观察与描述，岩心精细观察能提供关于裂缝产状、力学性质、充填特征和含油气性等的第一手资料，所以岩心观察是不可替代的，一般全直径岩心优于小直径岩心，小直径岩心又比岩心柱塞样分析资料能更好地说明裂缝性质。

克深地区 15 口取心井共计 163.69m 岩心观察表明，巴什基奇克组储层中构造裂缝整体较发育，以半充填-未充填高角度缝为主，其次为网状缝及近水平缝（图 4.1），另外部分井段中，岩心比较破碎，指示巴什基奇克组储层中较高的裂缝发育程度（网状缝级别）。

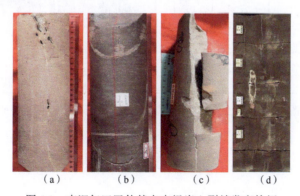

（a）　　　　（b）　　　　（c）　　　　（d）

图 4.1　克深气田巴什基奇克组岩心裂缝发育特征

（a）半充填高角度缝克深 201，6512.6m；（b）未充填高角度缝克深 201，6706.15m；
（c）未充填高角度缝克深 202，6766.0m；（d）直劈缝与近水平缝克深 202，6799.2m

　　克深地区 20 口单井 5044.7m 电成像测井（FMI）解释结果表明，克深地区巴什基奇克组储层裂缝极为发育，经统计其裂缝相以网状缝和高角度斜交缝相（图 4.2）为主，局部出现低角度斜交缝相和近水平缝相。网状裂缝发育层段，岩心整体表现比较破碎，而成像测井图上则表现为不规则组合的暗色正弦波曲线相互交织。总体而言，岩心观察与成像测井解释结果基本一致。

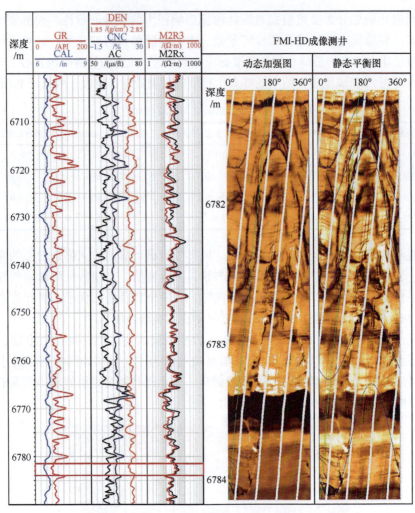

图 4.2　克深地区巴什基奇克组裂缝 FMI 成像测井图像特征

4.3　裂缝相测井识别评价方法

　　虽然岩心是识别裂缝的最可靠资料，然而，受取心技术和成本的限制，一个地区取心井和取心层段是十分有限的，这阻碍了由点到线再到面的裂缝识别与解释研究工作，因此只有以裂缝地质特征和岩心描述为依据，通过"岩心刻度测井"的方法建立相应的裂缝测井解释模型，在裂缝带定性识别的基础上实现裂缝参数的定量计算才能更好地为油气勘探开发服务。

虽然目前直接利用常规测井曲线识别裂缝存在很大难度，但利用其识别裂缝在方法和理论上均是可行的。根据不同测井序列对裂缝的响应特征，一般可用于裂缝识别的常规测井资料有岩性曲线、孔隙度曲线和电阻率测井组合等。由于常规测井中影响裂缝识别的干扰信息较多，纵向上分辨率有限，因此其针对性相对较差，只有对多种常规资料进行综合解释才可以较好地评价裂缝的发育程度。除常规测井外，识别裂缝的测井新技术主要包括地层倾角测井、长源距声波测井、声波成像及微电阻率扫描成像测井（FMI）等，利用这些资料可以对井下裂缝发育井段进行定性判别和定量评价，并与常规测井相结合进一步分析裂缝系统的纵横向展布规律。

4.3.1　岩性测井

前已述及，岩性对裂缝的形成与发育具有先天性的控制，因此岩性测井曲线对裂缝响应也较为敏感。一般地，对致密砂岩储层而言，裂缝的渗透性作用导致泥浆在裂缝处侵入地层，在井壁处形成泥饼，因此裂缝一般具有缩径特征。相反地，裂缝发育带的岩石钻井过程中更易破碎，导致井壁坍塌而形成扩径现象，因此在常规测井测量的单井径（CAL）的突然变化可能指示裂缝的存在。同时由于地层倾角测井仪能够测量 C13 和 C24 双井径曲线，因此可根据其定向扩径和椭圆井眼等特征更好地确定裂缝发育带。一般若双井径曲线显示井眼呈椭圆形，即出现其中 1 条曲线大于钻头直径（BIT），另 1 条接近钻头直径的椭圆井眼现象，说明高角度裂缝发育，而由裂缝导致的储层单一的渗透性变好则表现为双井径曲线均小于钻头直径（图 4.3）。由于一般泥浆的放射性要比地层低，虽然在裂缝段有泥浆侵入，但其自然伽马 GR 值一般表现为略有下降，而由于裂缝的渗透作用，导致其自然电位 SP 值具有明显负异常。

4.3.2　孔隙度测井

致密砂岩储层孔隙度的差异将对裂缝发育程度产生影响，而裂缝发育又将改善储层的孔渗性能，因此通过孔隙度测井曲线的相应变化特征也能较好地开展裂缝识别与解释研究工作。

当密度测井仪器极板靠近裂缝发育带时，密度测井值会下降，下降的幅度与裂缝的角度、密度与开度等有关，相对低密度值是裂缝发育层段的一个重要特征。补偿密度测井通过识别井壁不平现象来间接地反映裂缝的发育特征，裂缝发育带补偿密度曲线具有明显相反的高值，呈正的窄尖峰状显示，反映了由裂缝造成的

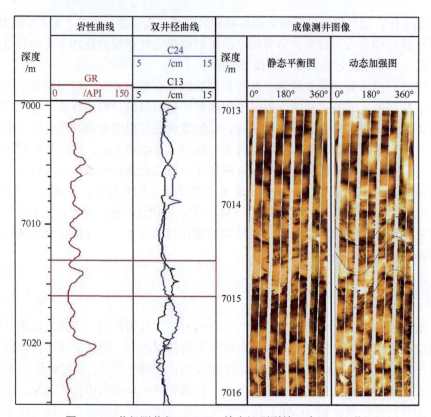

图 4.3　双井径测井与 FMI-HD 结合识别裂缝（克深 101 井）

井壁不规则程度。致密岩石基质孔隙度很低，中子孔隙度曲线一般较为平直，而裂缝的发育将导致泥浆侵入地层，造成地层中含氢指数增大，中子孔隙度相应会出现增大异常。由于密度和中子测量的均是体积效应，反映地层总孔隙度，其测量结果不受裂缝产状的影响，只要有裂缝切割过井眼且测井仪器贴上裂缝，则二者均能够正确地识别出来。

　　而纵波的传播特性决定了声波时差测井对高角度裂缝和直劈缝没有响应，主要是声波将按最小时间选择声程，传播中会尽量绕开裂缝，因此高角度裂缝和直劈缝发育层段声波时差变化不明显。相反地，声波可以较好地反映与其传播路径正交的水平缝和低角度缝，因此当地层中有水平缝和低角度缝发育时，声波时差将明显增大，且一般随裂缝倾角的增加而降低，曲线呈小锯齿状，当遇到裂缝开度较大的水平缝或是发育密度较高的网状缝时，有可能发生周波跳跃（图 4.4）。因此孔隙度测井中的声波测井仍然是探测致密砂岩储层裂缝发育程度的有效方法之一。

　　孔隙度测井序列中通常中子测井对裂缝发育响应相对最不灵敏，而贴井壁测量的体积密度测井易受井眼条件的影响，也不能较好地指示裂缝发育带。相比较

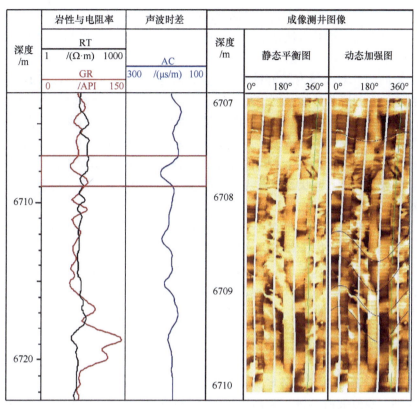

图 4.4　声波时差测井与油基泥浆 FMI-HD 结合识别裂缝（克深 203 井）

而言，声波时差能较灵敏指示裂缝发育特征，但它既不能探测相对高角度裂缝的发育，同时又易受地层含气性等因素影响。因此一般要综合分析裂缝发育带的声波时差、中子和密度测井响应特征，并与岩性测井系列等相结合才能较好地指示裂缝发育带。如川西拗陷深层须家河组致密砂岩储层裂缝发育带一般表现为 SP 出现弱负异常，AC 有不同程度的跳波现象，而密度测井出现明显下降现象，中子测井由于挖掘效应而较上下围岩低。在以上不同测井曲线综合分析的基础上，即可识别与探测出致密砂岩储层中裂缝的发育特征。

4.3.3　电阻率测井

相比较岩性和三孔隙度测井而言，电阻率测井所提供的信息能更好地反映裂缝发育程度，一般地层电阻率与岩性和流体性质有关，同时也受裂缝发育程度的影响。裂缝发育带在电阻率曲线上的响应特征取决于裂缝的产状、密度、长度、开度和孔隙度、裂缝所含流体类型及泥浆侵入深度等多种因素。选取具有较强电流聚焦能力和较大探测深度的深浅双侧向测井系列等，可以消除电阻率因岩性变化等因素导致的干扰，在岩性测井曲线等的辅助下还可以区分泥质条带和层界面变化等造成的裂缝假象。因此，双侧向测井是目前常规测井中进行储层裂缝识别和评价的最有效的测井方法之一，被广泛用于裂缝的发育程度判别和裂缝孔隙度等参数计算。

双侧向测井对裂缝有较好的响应，利用其正负差异关系可以快速、可靠地判断裂缝的张开度和延伸长度，从而确定裂缝的有效性。一般高角度裂缝（大于70°）、垂直裂缝发育层段，深浅侧向电阻率均明显降低，且出现深侧向电阻率大于浅侧向电阻率的正差异现象，差异幅度越大，裂缝张开度越大，裂缝有效性也就越好，反之，低角度裂缝（小于30°）也使深浅侧向测井值降低，但一般显示为负差异现象，此外，网状裂缝发育层段的深浅侧向读数也下降，也会存在一定的正负差异现象。

当井壁仅有孤立稀疏的微小裂缝发育时，深浅侧向电阻率值降低均不明显，而此时微侧向微球聚焦（MSFL）测井表现为显著低值。由于微侧向测井采用贴井壁测量方式，其电极尺寸小，测量范围小，当有裂缝切割过井壁时，与裂缝接触的极板将出现低阻异常，表现为以深侧向为背景的针刺状低阻突跳，二者的差值可作为裂缝的指示曲线。

4.3.4　声波全波列测井

声波时差测井以其显著增大或周波跳跃的特征指示水平缝和低角度缝的存在。此外，除纵波时差外，利用岩石的其他声学特性也可以进行裂缝识别与评价，其他对裂缝发育响应较为灵敏的声波测井主要是多极子阵列声波、声波全波列及声波变密度等，主要依据裂缝发育带呈现出的声波能量衰减及波形扰动特征进行判断。

多极子阵列声波测井（MAC）可采集到纵波、横波、斯通莱波和伪瑞利波等原始数据，可在岩性与岩石特性确定的基础上，通过阵列声波波形衰减及斯通莱波时滞与频散特征识别与探测裂缝。

声波全波列测井记录了井内传播的纵波、横波和斯通莱波整个波列，包含丰富的岩石物理信息，通过提取其中包含的各种信息可充分发挥其在裂缝解释与研究中的作用。一般可利用纵、横波的能量衰减情况及斯通莱波的反射特征识别裂缝发育程度和裂缝有效性，通常倾角为33°~76°的中等角度斜交裂缝对纵波幅度衰减明显，而0°~33°和76°~90°倾角的裂缝对纵波幅度衰减小，对横波幅度衰减明显。因此可根据全波列波形和变密度显示图上纵、横波能量衰减的"V"字形干涉条纹定性解释裂缝发育层段。此外，有效裂缝发育时，地层渗透性变好，由此将导致斯通莱波能量也严重衰减，反射系数增大，呈现出"V"字形或"人"字形干涉条纹，而在无效裂缝处则不会发生衰减，由此可用来判断裂缝的径向延伸和裂缝的渗滤性。

　　如图 4.5 为库车拗陷大北 202 井巴什基奇克组阵列声波测井图，从图中可以看出，常规测井曲线上，根据声波时差的增大和电阻率的齿状负偏即可大致判断裂缝发育层段，而通过阵列声波的波形图（原始波和直达波）上"V"字形的干涉条纹，辅以斯通莱波能量衰减和反射系数增大，则可以更好地判断裂缝发育层段（图 4.5），而该井阵列声波指示的裂缝发育层段，经试气均获得工业油气流。

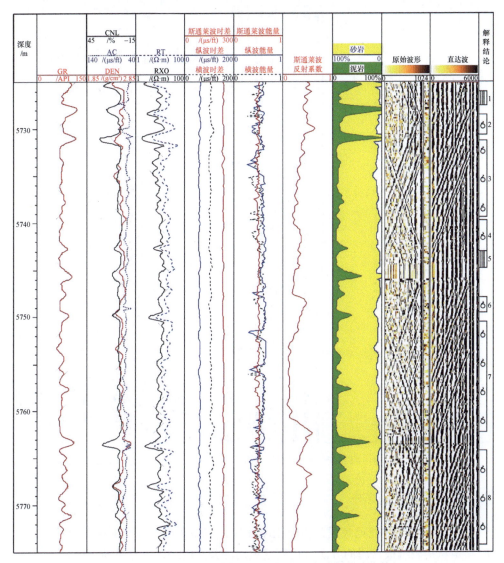

图 4.5　大北 202 井裂缝发育层段的阵列声波测井响应特征

　　从研究区克深 2-2-4 井埋深 6660～6690m 井段的油基泥浆 FMI-HD 测井结果可以识别发育的裂缝，但分辨率较低；对比该井段的阵列声波波形图发现，其阵列声波波形中普遍出现干涉条纹，且斯通莱波反射系数也具有一定的增大趋势，据此可判断该井段发育裂缝（图4.6）。

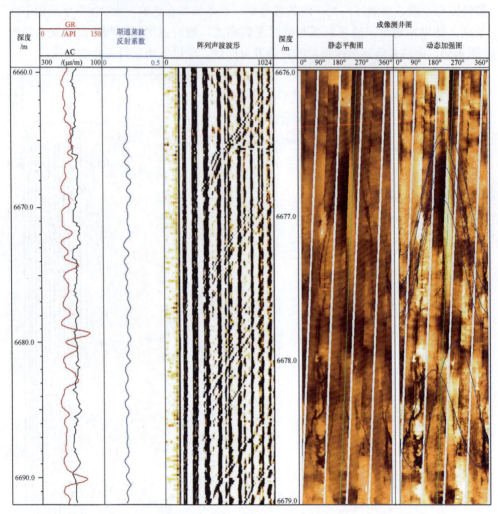

图4.6　阵列声波测井与油基泥浆FMI-HD结合识别裂缝（克深2-2-4井）

4.3.5　地层倾角测井

地层倾角测井能记录四条微电阻率曲线、三条角度曲线和两条井径曲线，地层倾角识别裂缝最常用的方法包括裂缝识别测井（FIL）、电导率异常检测（DCA）及双井径曲线法。前面已对裂缝发育带在双井径曲线上的响应特征做了详细论述。由于地层倾角测井是通过贴井壁极板上的微聚焦电极测量出四条高分辨率的电阻率曲线，将四条电阻率曲线按极板顺序两两重叠，得到的微电阻率重叠曲线的幅度差即可指示裂缝，这就是FIL方法识别裂缝的原理。DCA法主要通过比较开启裂缝在不同极板上造成的电导率差异来识别斜交缝或高角度裂缝，一般表现为较长井段的低电阻异常，但极板覆盖率低，有时难以将泥质条带和低角度裂缝及水平裂缝区分开来，因此其处理结果只能反映出高角度裂缝和斜交裂缝。相对于 FIL 法，DCA 法可以消除由于沉积层理等非裂缝因素引起的电导率异常，因此裂缝的识别效果更好一些。

4.3.6　成像测井

1. 裂缝定性识别

电成像测井能提供高分辨率环井壁 360° 全方位的岩石物理二维图像信息，把地层岩性、裂缝、孔洞和层理等地层特征引起的电阻率的差异，转换成图像上不同色标显示。以图像的形式直观、形象和清晰地展示出环井壁二维空间岩石类型、岩石结构、沉积构造、孔洞和裂缝等地质特征的微细变化，具有高精度、高分辨率和高井眼覆盖率的特点。尤其在裂缝识别方面具有独到的优势，自其 20 世纪 90 年代诞生以来，现今已发展成为裂缝测井解释与研究的最直观、最有效的方法。

不同类型的裂缝具有不同的图像特征，成像测井识别裂缝的主要依据是裂缝发育处电阻率与围岩存在的差异，钻井过程中由于泥浆的侵入，一般使裂缝的电阻率明显比围岩低，因此在成像图上显示为暗色正弦波曲线。可以通过迹线法以人工拾取的方式在成像测井图上勾绘出曲线形态，从而获得单条裂缝的倾向、倾角等信息。成像测井不仅能够识别裂缝的产状、张开度和延伸情况，还可以判断裂缝的方位、有效性和发育规律，这一点是常规测井所不能比拟的，另外成像测井还可以解决岩心裂缝观察产生的收获率低、不连续和不定向三个问题，所获得的裂缝信息在整个测量井段范围内具有连续性和系统性的特点。如图 4.7 通过成像测井即可定性地描绘出井壁裂缝面的形态，并进一步阐明其产状（倾向、倾角等）。

虽然成像测井能够直观地反映裂缝形态，但在人机交互解释过程中可能存在着人为误差，因此在实际的裂缝拾取过程中应通过岩心资料的标定，达到去伪存真的目的。成像测井通过与岩心、分析化验、地震和常规测井等资料的相互印证，还可提高解释的精度与广度，有助于裂缝大范围的区域性评价。

一般诱导缝以其排列整齐、规律性强、缝面规则、延伸较短和呈 180° 对称分布于井壁的主要特征可与天然裂缝区分开来。除了诱导缝之外，还需要区分在成像测井图像上与天然裂缝具有相似响应特征的层理面、岩性界面和断层面等，如层界面或层理面不交叉，层理面具有上下连续完整的特点，泥质条带和岩性界面一般平行于层面，且界面清晰，断层面上下岩层有错动，而一般天然裂缝的规律性较差且切割层理面。说明成像测井虽然形象直观，但也存在多解性，需要以地质资料为前提，通过与岩心观察和常规测井资料相互验证，结合多种资料的综合分析才可以较好地进行裂缝识别评价研究。

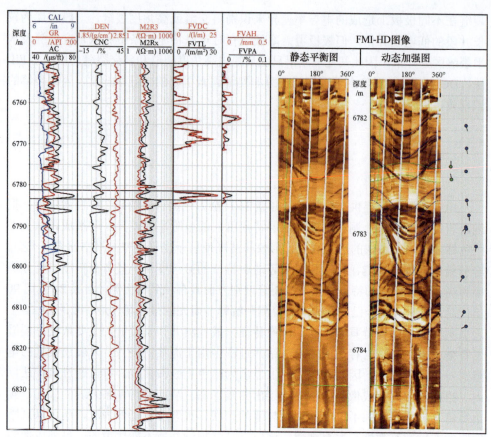

图 4.7　斯伦贝谢 Geoframe 软件处理裂缝定性识别与裂缝参数定量计算

2. 裂缝参数定量计算

　　井壁成像测井除了可以定性评价裂缝分布层位、发育程度和产状等裂缝几何信息外，而且可以进一步利用图像处理的方法定量评价储层裂缝参数，如裂缝长度、裂缝密度、裂缝开度和裂缝孔隙度等，其定义和计算公式如式（4.1）～式（4.4）所示。这些参数从不同角度定量揭示出裂缝的发育程度，是表征裂缝系统微观渗流性能的宏观参数，准确评价这些参数对致密储层油气勘探开发至关重要。如图 4.7 中在成像测井人机交互解释中，除了定性勾绘出裂缝面发育形态之外，还可以进一步定量计算裂缝密度、长度、开度和孔隙度等参数（图 4.7）。

　　裂缝长度（FVTL）：每平方米井壁所见到的裂缝长度之和，单位为 m/m²，其计算公式如式（4.1）所示：

$$FVTL = \frac{1}{2\pi RLC} \sum_{i=1}^{n} L_i \qquad (4.1)$$

式中，R 为井眼半径，m；L 为统计的井段长度，m；C 为电成像井眼覆盖率，无量纲，FMI 成像测井一般为 80%；L_i 为电成像图上第 i 条裂缝的长度，m。

裂缝密度（FVDC）：单位长度井壁上所见到的裂缝总条数，单位为条/m，是表征裂缝系统渗流能力的重要参数之一，该参数可经过人工直接统计，也可由图像计算而得［式（4.2）］。

$$FVDC = \frac{1}{L} \sum_{i=1}^{n} L_i \qquad (4.2)$$

裂缝开度（FVA）：单位井段（1m）中裂缝轨迹宽度的平均值，单位为 mm；平均水动力开度（FVAH）等于单位井段中各裂缝轨迹宽度的立方之和再开立方，是对裂缝水动效应的一种拟合，单位也为 mm［式（4.3）］，一般只有张开的，即具有一定开度的裂缝才有效：

$$FVA = aAR_m^b R_{xo}^{1-b} \qquad (4.3)$$

式中，R_m 为泥浆电阻率，$\Omega \cdot m$；R_{xo} 为侵入带电阻率，$\Omega \cdot m$；a、b 均为与仪器有关的常数；A 为由裂缝引起的电导异常面积，m^2。

裂缝孔隙度（FVPA）：所见到的裂缝在 1m 井段上的视开口面积除以 1m 井段中图像的覆盖面积，单位为 m^2/m^2，如式（4.4）所示：

$$FVPA = \frac{1}{2\pi RLC} \sum_{i=1}^{n} L_i FVA_i \qquad (4.4)$$

此外，由于成像测井 Geoframe 软件里面 Export Fracture Channels 模块计算的裂缝密度和裂缝孔隙度等参数易受窗长叠置的影响，同时测井采集环境（油基泥浆）也会影响裂缝的识别与有效性评价结果，因此，成像测井计算结果应与岩心和阵列声波测井等资料进行相互验证和标定，以提高解释结果的准确性。

4.4　裂缝相综合测井识别与划分

由前面的论述可知，大多数测井曲线对裂缝发育带均具有一定的响应特征，但除成像测井和阵列声波测井外，均不是一一响应关系，如声波时差增大有可能受地层含气性影响，而电阻率的降低有可能是由于地层泥质含量的增加。一方面由于致密砂岩储层的非均质性和各向异性，且岩性致密，流体对测井响应贡献小，再加上又受测井方法探测深度及分辨率影响，这些因素增加了裂缝识别和评价的难度。因此，尽管不同的测井方法提供的测井信息可以从不同侧面反映裂缝的发育特征，但由于地质条件的复杂性和多解性、裂缝产状组合变化以及测井方法本身的局限性，目前还没有哪种单独的测井方法能够解决裂缝定性识别与定量评价的全部问题，只能靠多种测井信息的综合分析，即优选出对裂缝发育程度等较为敏感的测井曲线组合，归纳总结出裂缝的常规测井响应特征，并将测井判别结果与岩心裂缝观察进行相互对比验证。

对研究区巴什基奇克组致密砂岩储层而言，由于目的层埋藏深，取心比较难，大多数井均采集了成像测井（FMI）和阵列声波测井等资料，相配套的还有5700常规测井系列。这为单井裂缝相的识别与划分提供了必要的基础与前提，因此，可挖掘包含在常规测井资料里面的裂缝发育信息，并与阵列声波测井等资料相结合，首先定性判定出裂缝发育带的深度范围，然后通过对成像测井资料进行精细处理与分析，进一步确定裂缝面的形态，包括裂缝倾向和倾角等，再进一步通过成像测井中定量计算的裂缝孔隙度、密度、长度和开度等参数，实现各单井纵向上裂缝相的综合识别与划分。

如图4.8为克深207井6920～6970m深度段单井纵向上裂缝相的识别与划分结果，即首先通过常规测井中电阻率的刺刀状下降和声波时差的增大，定性判断出了裂缝发育带，再结合阵列声波测井中的原始波形和直达波形中的干涉条纹，进一步论证了该井段裂缝发育带的存在。再结合成像测井计算的裂缝长度、裂缝密度、裂缝开度和裂缝孔隙度等参数，参照表4.2中所建立的裂缝相划分方案，即可实现该井单井纵向上裂缝相的识别与划分（图4.8）。

克深207井单井纵向上巴什基奇克组储层裂缝相以高角度斜交缝相为主，也可见低角度斜交缝相的发育，部分层段发育近水平缝相，而网状缝相在该井段发育比较少见（图4.8），这与岩心观察的结果基本相符合。总体而言，各种测井方法都有各自的优势和局限，目前很难只用一种方法就能解决裂缝识别和评价的全部问题，充分利用多项测井方法在获取信息上的互补性，并对研究结果进行相互验证，多种测井方法的综合利用是测井识别评价裂缝的主要趋势。

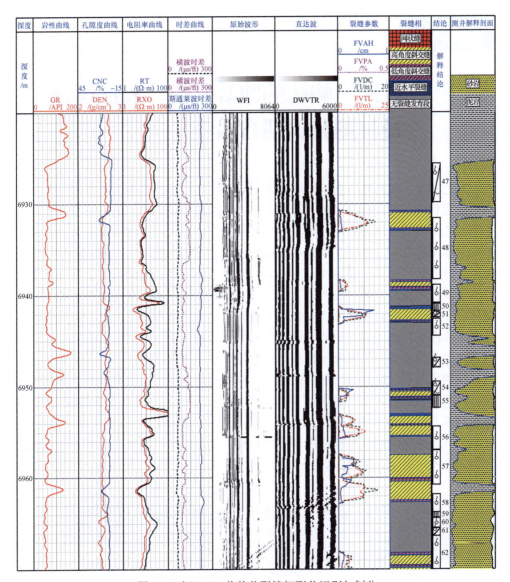

图 4.8 克深 207 井单井裂缝相测井识别与划分

50，55，59 为干层；47，51，53，54，61 为差气层；48，49，52，56～58，60，62 为气层

第 5 章

孔隙结构相的地质分类、表征参数及其测井识别方法

前已述及，巴什基奇克组致密砂岩中裂缝的发育可以显著改善渗透率并降低有效储层物性下限，同时也能对油气井产能产生直接的影响。然而研究表明，有效基质孔隙发育带同样是深层致密砂岩气藏稳产的基础，只有当气井同时穿越孔隙和裂缝发育带时，才能获得高产和稳产，否则只能造成低产，或虽有早期高产，但稳产时间短。因此，裂缝性致密砂岩基质部分的微观孔隙结构特征研究对储层综合评价同样重要。通常致密砂岩储层独特的渗流机理和微观孔隙结构控制着气藏的分布规律，在开发过程中还影响着储层的产液性质和油气产能。因此加强对储集岩孔隙结构的了解，明确储层微观孔隙结构特征及其对储层宏观地球物理特性响应的差异，有利于更有效地从地球物理资料中提取孔隙度、渗透率和饱和度等地球物理参数以提高油气解释的精度，并更正确地反映其储集性和流体的渗滤特征，充分发挥其油气产能和提高油气采收率。事实上，对致密砂岩储层而言，只有从其孔隙结构入手，深入揭示储层的内部结构特征，并对其进行分类评价，才能更有效地反映储层储集性能和渗流特征，充分挖掘其油气产能并更好地进行优质储集体预测等工作。

5.1 巴什基奇克组储层孔隙结构特征及分类

5.1.1 孔隙、喉道及孔喉组合特征

铸体薄片及扫描电镜观察表明，研究区巴什基奇克组储层孔隙类型多样，极不规则，大小相差悬殊，且孔径分布不均匀。由于研究区特殊的成岩背景而保留的原生粒间孔隙，一般呈弧面三角形或不规则多边形状 [图 5.1 (a)~(d)]，长石和岩屑溶蚀形成的粒内、粒间孔隙也是储层重要的储集空间，镜下可见到众多的长石和岩屑溶蚀形成的粒内孔隙 [图 5.1 (c)~(e)]，甚至可溶蚀形成铸模孔 [图 5.1 (f)]。黏土矿物（伊利石和伊蒙混层）晶间孔数目较多 [图 5.1 (g)、(h)]，但其孔径及喉道半径较小，对储层储集和渗流性能意义不大。而由破裂作用而形成的微裂缝 [图 5.1 (i)、(j)] 能一定程度上增加储层储集空间和改善其渗流性能。

克深地区所处的克拉苏构造带为南天山造山带之前的第二排构造带，是地应力集中、岩石变形较强的区带，也是断裂和裂缝的主要发育带，岩心和成像测井观察均表明克深地区巴什基奇克组储层中裂缝非常发育，且地层在构造应力作用下，宏观裂缝的产生必然伴随着微裂缝的形成，两者的发育趋势一致。因此，伴随宏观裂缝产生的众多微观裂缝对储层储渗性能及微观孔隙结构的改善非常显著。

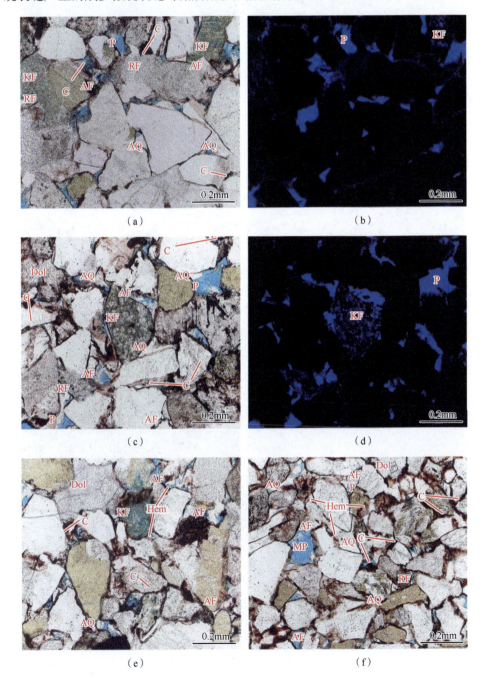

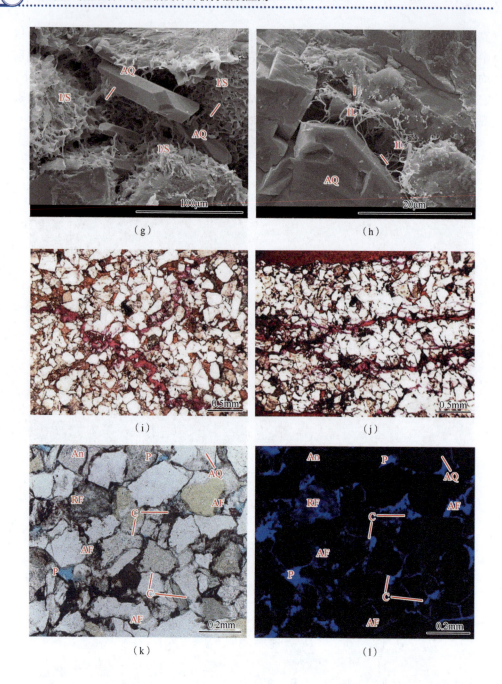

（g）

（h）

（i）

（j）

（k）

（l）

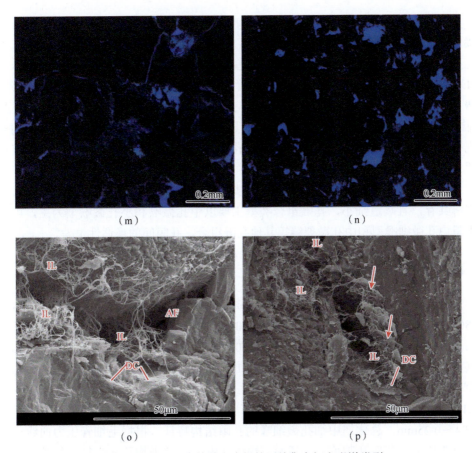

图 5.1 克深气田巴什基奇克组储层储集空间和喉道类型

（a）可见大量的粒间孔隙（P），同时也可见长石溶蚀形成的粒内孔隙，克深 2-1-5 井，6714.35m；（b）与（a）为同一视域下的荧光照片，粒间孔隙及长石粒内孔隙均显示荧光，克深 2-1-5 井，6714.35m；（c）粒间孔隙常见，长石内部也可见局部溶蚀形成的粒内孔隙，克深 2-2-8 井，6723.86m；（d）与（c）为同一视域的荧光照片，蓝色荧光为孔隙，下同；（e）长石粒内孔常见，白云石交代碎屑颗粒，克深 2-1-5 井，6713.38m；（f）长石完全溶蚀形成铸模孔，另外还含有一定的粒间孔隙，岩屑可见粒内孔隙，克深 2-1-5 井，6739.26m；（g）粒间孔部分被自生石英和伊蒙混层充填，伊蒙混层内发育晶间孔（红色箭头），克深 208 井，6600.24m；（h）粒间孔隙大部分为自生石英和伊利石充填，自生黏土矿物内部可见晶间孔，克深 2-1-5 井，6723.44m；（i）见一条溶蚀缝，呈不规则状，宽窄不等（0.05～0.1mm），克深 1 井，6983m；（j）见少量溶蚀孔隙和两条微裂缝，孔缝相连，溶蚀缝宽窄不均（0.02～0.05mm），克深 1 井，7012m；（k）铸体薄片显示储层喉道类型以片状和弯片状为主，克深 2-1-5 井，6731.97m；（l）与（k）为同一视域下的荧光照片，喉道类型以片状和弯片状为主，克深 2-1-5 井，6731.97m；（m）荧光薄片显示喉道类型以片状和弯片状为主，克深 2-1-5，6723.63m；（n）荧光薄片显示孔隙多呈孤立状，喉道类型以片状和弯片状为主，克深 2-2-4，6700.29m；（o）管束状喉道，克深 2-1-5 井，6731.78m；（p）管束状喉道，克深 2-1-5 井，6731.97m。AQ. 自生石英；KF. 钾长石；RF. 岩屑；DC. 杂基；I/S. 伊蒙混层；IL. 伊利石；P. 粒间孔隙；MP. 铸模孔；AF. 自生长石；Dol. 白云石；C. 黏土；Hem. 赤铁矿；An. 长石储层孔隙、喉道类型多样但均较细小，孔隙连通性差，且由于颗粒间的接触关系以线接触为主，偶有缝合线接触，且陆源杂基和自生黏土矿物常充填孔隙空间，堵塞喉道，因此巴什基奇克组储集岩喉道类型以片状 [图 5.1 (k)、(l)]、弯片状 [图 5.1 (m)、(n)] 和管束状 [图 5.1 (o)、(p)] 为主。此外，铸体薄片和荧光薄片镜下观察均发现，连接孔隙之间的喉道还有微裂缝类型 [图 5.1 (i)、(j)]。与孔喉直径处于同一量级的微观裂缝，虽然其渗流作用不如宏观裂缝，但它却能显著改善储层的微观孔隙结构，对致密砂岩储层的储渗具有重要意义。

总体而言，巴什基奇克组储层孔隙类型多样，成岩溶孔、原生粒间孔与微孔隙等共存，且喉道细小，孔喉组合类型主要以中孔微喉和小孔微喉型为主，可见少量中孔微细喉型和中孔微裂缝等其他孔喉组合，孔隙间的连通性很差。

5.1.2　孔隙结构分类

克深地区巴什基奇克组储层的压汞资料全部为高压压汞，其最大进汞压力为 180MPa，能反映的最小孔喉半径为 0.004μm；一般的常规压汞的最大进汞压力为 32.1MPa，能反映的最小孔喉半径为 0.02μm。从克深 1、克深 201、克深 202、克深 205、克深 206 和克深 207 六口井 115 个柱塞样品压汞测试资料分析来看，除部分样品因微裂缝发育而不具代表性外，压汞曲线的排驱压力一般较高，为 1.1～8MPa，平均为 4.85MPa。孔喉半径小，且分选性较差，主要流通孔喉半径为 0.04～0.25mm，总体属中细孔微细喉的孔隙结构特征。根据毛细管压力曲线形态和排驱压力、基质孔隙度、渗透率、最大孔喉半径及平均孔喉半径参数等，可将克深地区巴什基奇克组储层基质孔隙孔喉结构划分为 I 类中孔中喉型、II 类中孔细喉型、III 类小孔细喉型和 IV 类微孔微喉型四种典型类型，不同孔隙结构类型的储层具有不同的物性特征及不同的产液能力。总体上克深区块巴什基奇克组储集岩孔隙结构主要以 II 类、III 类为主，基质孔隙结构较致密，孔隙结构类型较差（表 5.1 和图 5.2）。

表 5.1　压汞曲线孔隙结构分类方案

孔隙结构	孔隙度/%	渗透率/10⁻³μm²	排驱压力/MPa	最大孔喉半径/μm	平均孔喉半径/μm
I 类中孔中喉型	＞9.0	＞1.0	＜0.5	＞1.5	0.3～2.0
II 类中孔细喉型	6.0～9.0	0.1～1.0	0.5～3.0	0.25～1.5	0.1～0.3
III 类小孔细喉型	3.0～6.0	0.01～0.1	3.0～6.0	0.12～0.25	0.05～0.1
IV 类微孔微喉型	＜3.0	＜0.01	＞6.0	＜0.12	＜0.05

I 类中孔中喉型：排驱压力最低，物性较好，孔隙度大于 9.0%，渗透率大于 $1 \times 10^{-3} \mu m^2$，多对应颗粒粒度较粗、分选性较好的层段，原生粒间孔隙和长石溶蚀

孔隙并存,是研究最有利的孔隙结构[图5.2(a)]。一般而言,Ⅰ类中孔中喉型孔隙结构原生孔隙较发育,因而储集岩喉道比较粗。从图5.2(a)典型Ⅰ类孔隙结构压汞曲线图来看,喉道分布以单峰型为主,且孔喉以粗歪度为主,从渗透率贡献率来看,较少部分的粗孔喉贡献了渗透率的绝大部分,这与典型的致密砂岩的孔隙结构特征是相吻合的[图5.2(a)]。

Ⅱ类中孔细喉型:原生孔隙相对保留较少,物性中等,孔隙度为6.0%~9.0%,渗透率小于$1\times10^{-3}\mu m^2$,孔喉连通性相对Ⅰ类孔隙结构也变差,因此该类孔隙结构排驱压力相对较高,但总体而言,宏观物性相对较好,是研究区较为有利的孔喉结构类型[图5.2(b)]。由于既存在原生孔隙,又发育次生溶蚀孔隙,其孔喉分布呈典型双峰状[图5.2(b)]。

Ⅲ类小孔细喉型:损失原生孔隙的同时也不利于次生溶蚀孔隙的产生,因此该类孔隙结构物性也相对较差,孔喉半径缩小,且孔喉分布趋于向分选变好的方向演化,排驱压力值高,为研究区相对一般的孔隙结构类型[图5.2(c)]。原生孔隙与次生溶蚀孔隙的共存导致其孔喉分布以双峰状为主[图5.2(c)],但渗透率同样由相对大孔喉部分贡献。

Ⅳ类微孔微喉型:一般形成于抗压实能力较弱的颗粒粒度较细或分选性较差的层段。孔隙度小于3.0%,一般难以形成有效储层,多对应干层或非储层段。由于孔隙较小,喉道较细,因此该类孔隙结构储集岩排驱压力值最高,孔喉分选较好但物性总体最差,为研究区最不利的孔隙结构[图5.2(d)]。从图5.2(d)典型Ⅳ类微孔微喉型压汞曲线图来看,孔喉分布总体较细小,具细歪度特征,但同样也是较少部分的相对粗孔喉贡献了渗透率的较大部分。

前已述及,巴什基奇克组储层存在多种孔隙喉道类型,结构复杂。高压压汞实验表明储集岩进汞饱和度较高,而退汞效率差,孔喉分布状况差,孔喉连通性也差。具有深层高温高压致密砂岩储层非均质性强的特点,且物性越好,非均质性也越强。研究表明,对致密砂岩储层而言,其孔隙大小及分布性质差异不大,微观孔隙结构的差异主要体现在喉道半径的大小和分布上。喉道是控制致密砂岩储层品质的决定因素,不同级别渗透率的砂岩其主要喉道大小和峰值喉道大小存在一定差异,一般渗透率较低时,小喉道对渗透率贡献大,喉道半径峰值高;渗透率较高的岩样,较少数量的大孔喉贡献了渗透率的绝大部分,喉道半径峰值逐渐降低。因此致密砂岩储层中对渗流能力起主要控制作用的是较粗的喉道,即最大连通喉道,其半径大小及其控制的孔隙体积的多少很大程度上决定着储层的渗透率。在总体孔喉较小的背景下,随着较大孔喉半径的增大储层物性变好,而储层物性随着孔喉集中程度的增强(分选系数减小)而变差。事实上,正是喉道的差异导致的微观孔隙结构和宏观物性上的差异影响着致密砂岩储层最终的开发效果。

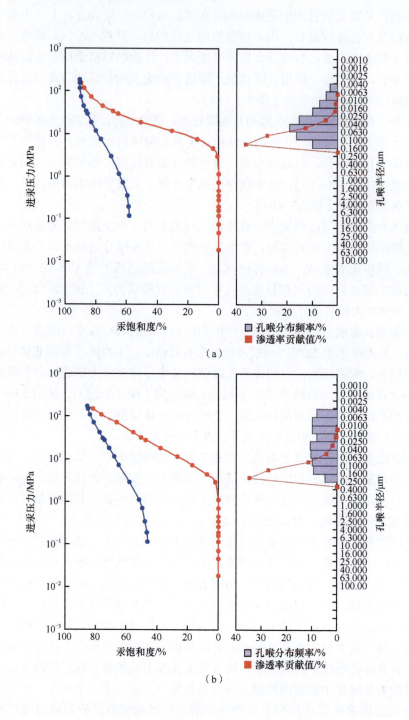

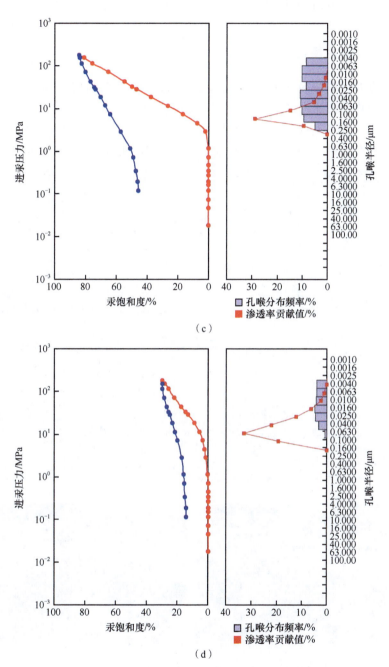

图 5.2　巴什基奇克组不同类型储层基质孔隙结构毛细管压力曲线图

（a）Ⅰ类中孔中喉型；（b）Ⅱ类中孔细喉型；（c）Ⅲ类小孔细喉型；（d）Ⅳ类微孔微喉型

5.2　延长组长 7 段致密油孔隙结构特征及分类

5.2.1　孔喉组合特征

　　铸体薄片观察以及扫描电镜分析表明，长 7 段致密油储集层储集空间类型主要是长石粒内溶孔 [图 5.3（a）] 和粒间溶孔 [图 5.3（b）]，弧面三角形的原生孔隙保留较少 [图 5.3（c）]，这与其较低的成分成熟度和结构成熟度特征相吻合，主要由于成分、结构成熟度低的砂岩易于被压实而变得致密。扫描电镜下可见富

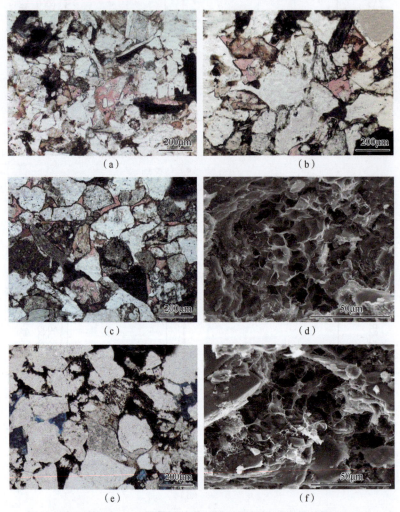

图 5.3　鄂尔多斯盆地长 7 致密油储层镜下孔隙结构特征

（a）长石粒内溶孔，庄 233 井，1763.84m；（b）粒间孔及长石溶孔，庄 57 井，2102.8m；（c）溶孔，庄 179 井，1742.24m；（d）片状以及丝缕状伊利石，富含微孔隙，庄 30 井，1872.38m；（e）弯片状喉道，庄 21 井，1304.00m；（f）管束状喉道，庄 211 井，1580.12～1580.16m

含微孔隙的自生黏土矿物（伊利石和伊蒙混层）[图 5.3（d）]。主要的喉道类型为弯片状 [图 5.3（e）]，此外还有黏土矿物充填后形成的管束状类型 [图 5.3（f）]，孔喉之间的连通性较差。

5.2.2　孔隙结构分类

选自城 96 井和庄 233 等井的 40 块岩心柱塞样的压汞测试结果及核磁实验资料分析表明，储集岩排驱压力在 1.67～9.94MPa，平均值为 4.74MPa；饱和度中值压力在 5.88～49.10MPa，平均值为 22.72MPa；最大连通孔喉半径在 0.07～0.44μm，平均值为 0.19μm；饱和度中值孔喉半径在 0.02～0.13μm，平均值为 0.04μm；退汞效率分布于 10.80%～39.57%，平均值为 21.72%，较低的退汞效率说明孔喉之间连通性较差。分选系数变化范围在 0.44～1.48，均值变化范围在 12.47～14.04，说明其分选较好，偏态变化范围在 −4.60～0.27。总体上呈现出中小孔隙、微细喉道以及孔喉连通性差的毛细管压力特征。

分析核磁共振实验结果发现，长 7 段致密油储层核磁共振 T_2 截止值分布在 3.78～56.98ms，平均值为 18.86ms，T_2 几何平均值在 2.92～17.26ms，平均值为 8.47ms。束缚水饱和度范围在 50.01%～82.43%，平均值为 69.13%。

综合分析压汞实验得到的压汞曲线形态及排驱压力、中值压力等压汞参数，辅以核磁共振实验获得的 T_2 谱分布特征，将合水地区长 7 段致密油储层孔隙结构划分为四种典型类型（表 5.2），不同类型的孔隙结构对应储层具有不同的物性特征及产液能力。合水地区长 7 段致密油储层孔隙结构总体上以 II 类、III 类为主。

表 5.2　孔隙结构类型分类方案

孔隙结构类型	物性参数		压汞参数	核磁参数
	孔隙度/%	渗透率/$10^{-3}\mu m^2$	排驱压力/MPa	T_2 几何平均值/ms
I 中孔细喉型	> 10.0	> 1.0	< 1.0	> 15.0
II 小孔细喉型	8.0～10.0	0.1～1.0	1.0～4.0	10.0～15.0
III 微孔细喉型	4.0～8.0	0.01～0.1	4.0～9.0	5.0～10.0
IV 微孔微喉型	< 4.0	< 0.01	> 9.0	< 5.0

I 类中孔细喉型孔隙结构：孔隙度大于 10.0%，渗透率大于 $1.0×10^{-3}\mu m^2$，典型 I 类孔隙结构岩样进汞饱和度大（80% 左右），排驱压力小于 1MPa，饱和度中值压力小于 6MPa，进汞曲线相对较靠近进汞饱和度坐标，低压段毛细管曲线变化平缓 [图 5.4（a）]；核磁共振 T_2 谱呈双峰分布，弛豫时间较大的峰高，核磁测量束缚水饱和度低，T_2 截止值相对较大，T_2 几何平均值一般相对较大（> 15ms），对应的孔隙结构相对最好 [图 5.5（a）]。

II 类小孔细喉型孔隙结构：孔隙度为 8.0%～10.0%，渗透率介于 $0.1×10^{-3}$～

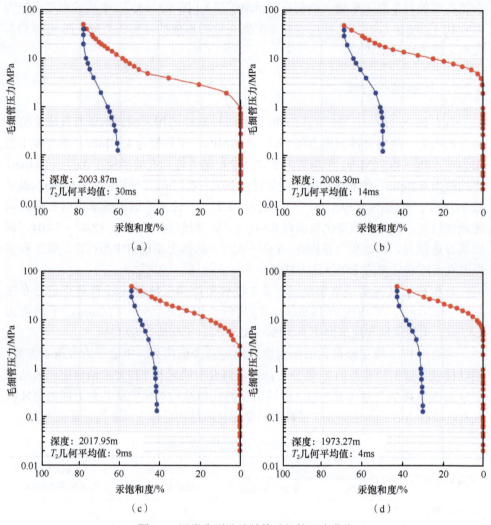

图 5.4　四类典型孔隙结构毛细管压力曲线

（a）Ⅰ类；（b）Ⅱ类；（c）Ⅲ类；（d）Ⅳ类

$1.0 \times 10^{-3} \mu m^2$，储集物性较差。典型Ⅱ类孔隙结构相岩样进汞饱和度中等，约为 70% 左右，排驱压力为 $1.0 \sim 4.0$MPa，饱和度中值压力为 $6 \sim 11$MPa［图 5.4（b）］，核磁共振 T_2 谱呈双峰分布，幅度相差较小，T_2 几何平均值一般为 $10 \sim 15$ms［图 5.5（b）］。

　　Ⅲ类微孔细喉型孔隙结构：孔隙度为 $4.0\% \sim 8.0\%$，渗透率为 $0.01 \times 10^{-3} \sim 0.1 \times 10^{-3} \mu m^2$，储集物性差。典型Ⅲ类孔隙结构相岩样进汞饱和度中等，约为 55%，排驱压力介于 $4.0 \sim 9.0$MPa，饱和度中值压力约为 13MPa［图 5.4（c）］，核磁共振 T_2 谱呈近单峰左偏分布，幅度中等，T_2 几何平均值一般为 $5 \sim 10$ms［图 5.5（c）］。

　　Ⅳ类微孔微喉型孔隙结构：进汞曲线较远离横坐标，孔隙度小于 4.0%，渗透率小于 $0.01 \times 10^{-3} \mu m^2$。典型Ⅳ类孔隙结构相岩样进汞饱和度小于 50%，毛细管曲线上排驱压力值高，大于 9.0MPa［图 5.4（d）］，核磁共振 T_2 谱呈左偏分布，幅度相对最低，基本小于 100ms，T_2 离心前后孔隙度分量差别不大，离心前整体分布在 T_2 几何平均值一般小于为 5ms［图 5.5（d）］。

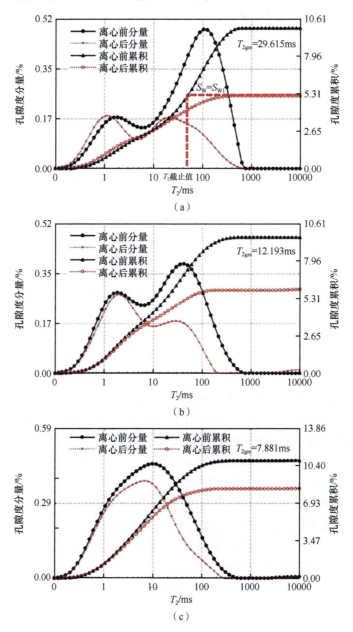

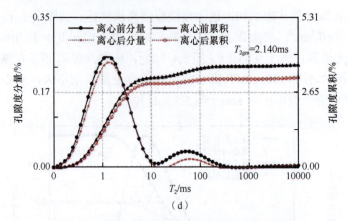

图 5.5　四类典型孔隙结构核磁共振 T_2 谱分布图

（a）Ⅰ类；（b）Ⅱ类；（c）Ⅲ类；（d）Ⅳ类。T_{2gm} 为横向弛豫时间 T_2 分布的几何平均值

5.3　储层孔隙结构相测井识别

5.3.1　孔隙结构相表征参数提取及测井表征方法

　　要实现孔隙结构相的测井识别，首先要提取出表征孔隙结构相较灵敏的参数，再寻求该参数的测井表征方法，因此，孔隙结构特征参数的优选与提取是前提。需要说明的是，本节研究涉及的孔隙结构的分类及测井识别，均指微观基质孔隙结构部分，而由前面的论述可知，克深地区巴什基奇克组储集层中存在大规模发育的宏观裂缝及相应的微裂缝体系。虽然由于进行压汞分析的岩心柱塞样通常取自岩心的基质致密部位，一般不发育宏观构造裂缝。但岩心柱塞样中常发育微裂缝，微裂缝的存在除加剧储层物性差异外，在毛细管压力曲线上也可以得到反映，一般导致排驱压力低，而最大孔喉半径和分选系数都比较大，曲线平缓段不明显或有波动变化，最大进汞饱和度和退汞效率均比较高，微裂缝是除基质孔隙结构以外影响砂岩储集性能与渗流特征的重要因素。由于裂缝或微裂缝的发育对储层宏观物性或者相应的微观孔隙结构的影响，在前述成岩相中的成岩微裂缝相及裂缝相里面的宏观裂缝相里面已经有所涉及，本章节不再赘述。

　　前面已经提到，对致密砂岩储层而言，由于整体基质部分比较致密，因而其孔隙的大小及分布差异不大，其微观孔隙结构的差异主要体现在喉道半径的大小和分布上。起连通作用的喉道是控制致密砂岩储层品质的决定因素，一般是较少数量的大孔喉贡献了渗透率的绝大部分，因而连通作用较好的大孔喉的数量决定了储集岩微观孔隙结构的差异。模拟地层真实状态下（覆压状态下压力为13.66MPa）的物性测量实验表明最大孔喉半径与覆压渗透率（由于实验条件限制，部分样品在覆压状态下未测量到相应的渗透率）具有相对良好的统计相关关系，相关系数（R^2）达到 0.7929（图 5.6）。因此最大孔喉半径反映了致密砂岩储层微观孔喉特征，同时对其宏观的物性也具有较好响应，指示了该巴什基奇克组致密砂岩储层微观孔喉分布及宏观物性的变化规律，因此选取最大孔喉半径来表征不同孔隙结构相的方法是可行的。如果能够通过测井曲线来建立最大孔喉半径的测井计算模型，即可实现单井纵向上孔隙结构相的测井识别与划分。

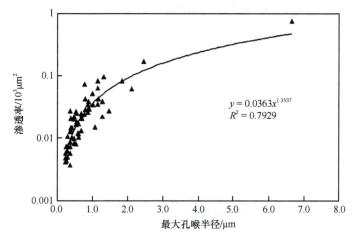

图 5.6　巴什基奇克组储层覆压渗透率（13.66MPa）与最大孔喉半径交会图

5.3.2　孔隙结构相测井表征方法建立

　　核磁共振测井不仅能够获得连续的 T_2 谱分布，更可进一步提取核磁孔隙度、T_2 几何平均值和 T_2 截止值等核磁参数，因此核磁共振测井是目前表征孔隙结构最好的测井方法。一般在特定的条件下，原本"静止"的氢原子核在外加磁场的作用下要发生强烈的核磁共振现象。核磁共振测井是以地层孔隙流体中的氢原子核为测量对象，在测量过程中通过调节仪器的工作频率，来探测地层中氢核的核磁共振特性：一是施加外加磁场，使地层流体中的氢原子核磁化，磁化的时间常数一般用 T_1 表示，也就是纵向弛豫时间；二是通过核磁共振仪器发射特定能量、特定频率和特定时间间隔的电磁波脉冲，该脉冲波与地层中的氢原子发生相互作用后将产生自旋回波信号，自旋回波法就是通过接收和采集这种回波信号，且仪器观测到的回波串一般为按指数规律衰减的信号，其中信号衰减的时间常数称为横向弛豫时间，一般用 T_2 表示。通常 T_2 值仅与岩样的孔隙流体环境有关，而不受岩石骨架矿物组分的影响。虽然核磁共振测井在孔隙结构测井评价中应用广泛，但由于研究区特殊的地质背景，核磁共振测井并没有大规模采集，仅在克深 202 井和克深 207 井两口关键井进行了测量，且没有全井段采集，因此虽然核磁共振测井在孔隙结构表征方面具有独到的优势，但较高的成本限制了它的规模化应用。

　　寻求常规测井系列来表征孔隙结构相的方法势在必行。上述提到，最大孔喉半径是表征不同孔隙结构相的较好参数，因此要实现孔隙结构相的测井表征，最大孔喉半径的测井计算是必备前提。经过最大孔喉半径与实测物性、各测井曲线及相关衍生参数的拟合分析发现，研究区巴什基奇克组储层最大孔喉半径与岩心实测孔隙度具有良好的统计相关关系（图5.7）。总体最大孔喉半径随孔隙度的增大而增大，且二者具有相对良好的统计相关关系（相关系数 R^2 可达到 0.6347）。其原理在于孔隙度越大，孔喉半径也越大，一般孔隙之间的连通性也越好。

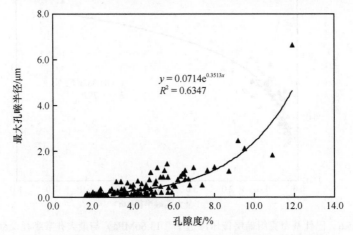

图 5.7　巴什基奇克组储层最大孔喉半径与孔隙度交会图

而孔隙度测井计算在研究区目的层段当中则已经形成完善的方法流程，如借鉴中国石油天然气股份有限公司塔里木油田分公司勘探开发研究院测井中心的经验公式，可通过基于体积模型的密度测井曲线（DEN）来计算孔隙度，具有相对较高的精度［图5.8 和式（5.1）］。其原理在于孔隙度越大，基于体积模型测量的体积密度值越低。根据克深地区巴什基奇克组稳定砂岩段岩心分析资料建立的

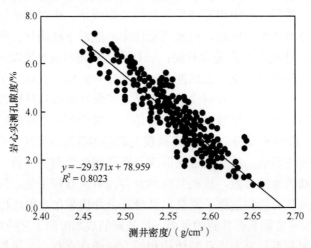

图 5.8　巴什基奇克组储层实测孔隙度与密度测井值交会图

测井密度与岩心分析孔隙度交会图即可以确定密度孔隙度计算模型 ［图 5.8 和式（5.1）］ [①]。而最大孔喉半径又可以通过密度测井曲线计算的孔隙度来计算 ［图 5.7 和式（5.2）］。

$$r_{\max} = 0.0714 \times e^{0.3513\phi} \tag{5.1}$$

$$\phi = -29.371\rho + 78.959 \tag{5.2}$$

式（5.1）和式（5.2）中，$r_{\max}$ 为最大孔喉半径，μm；ϕ 为密度测井计算孔隙度，%；ρ 为密度测井值，g/cm^3。

根据相关性（相关系数）和资料点的集中程度，可以确定在测井资料处理过程中选择密度测井计算研究区巴什基奇克组储层的孔隙度是可行的，只有在井况不好、扩径比较严重或岩性密度测井资料质量较差的情况下，可选择声波、中子等测井曲线计算孔隙度参数 [②]。

5.3.3　单井孔隙结构相测井评价

在以上孔隙结构相测井表征参数提取及测井计算模型建立的基础上，即可通过密度测井曲线计算最大孔喉半径参数，然后参照表 5.1 中建立的孔隙结构相分类标准，可最终实现各单井纵向上孔隙结构相的测井识别与评价（图 5.9）。克深 8 井单井纵向上孔隙结构相的识别结果表明，该井 6745～6785m 深度段孔隙结构相类型较差，以Ⅲ类小孔细喉型和Ⅳ类微孔微喉型为主，Ⅰ类中孔中喉型和Ⅱ类中孔细喉型相对发育较少。这与岩心柱塞样压汞测试分析所得的结果相符，表明克深气田巴什基奇克组储层孔隙结构总体较差，而局部发育的有利孔隙结构相类型决定了致密背景下的"甜点"发育。事实上，对致密储层而言，往往就是孔隙结构类型的差异决定了其含油气性的差别。孔隙结构相测井识别结果与实际的油气解释结论匹配关系表明，克深 8 井中基本上是Ⅰ类中孔中喉型和Ⅱ类中孔细喉型孔隙结构对应气层，如 6767～6769m 深度段，该段最大孔喉半径值较大，孔隙结构类型解释为Ⅰ类中孔中喉型，对应 18 号气层。再如 6785～6788.5m 深度段，孔隙结构相类型为Ⅱ类中孔细喉型，对应 23 号气层。Ⅲ类小孔细喉型孔隙结构相要么对应差气层，要么对应干层，对应的含气性能较差，如 13 号和 16 号差气层基本对应Ⅲ类小孔细喉型孔隙结构。而Ⅳ类微孔微喉型基本对应干层及非储层段，如图 5.9 中 9 号、12 号、14 号和 20 号干层其对应的孔隙结构类型均为Ⅳ类微孔微喉型。总体从Ⅰ类到Ⅳ类孔隙结构相，储层含气性能逐渐变差。

① 信毅，周磊，韩闯. 2013. 克拉苏气田克深 2 井区下白垩统巴什基奇克组测井储层参数研究. 中国石油天然气股份有限公司塔里木油田公司内部研究报告。

② 信毅，周磊. 2013. 克深气田克深 2 井区白垩系测井储层参数研究. 中国石油天然气股份有限公司塔里木油田公司内部研究报告。

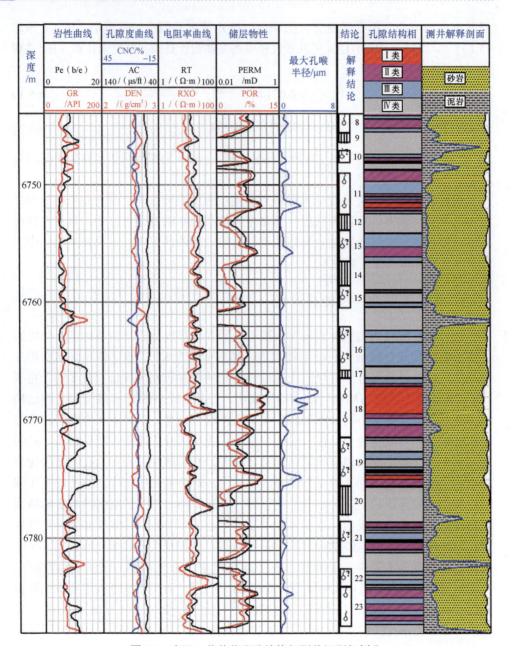

图 5.9 克深 8 井单井孔隙结构相测井识别与划分

8，10，11，13，15，16，18，19，21～23 为气层，其中带问号表示可疑气层；9，12，14，17，20 为干层

同样以鄂尔多斯盆地合水地区延长组长 7 段致密油储层为例，通过核磁共振测井提取的 T_{2lm} 值（即横向弛豫时间 T_2 分布的算术平均值），实现单井上孔隙结构的识别与划分，如图 5.10 中，A 段和 B 段为Ⅲ和Ⅳ类孔隙结构，对应 T_{2lm} 值较小，而 C 段溶蚀孔隙发育，因此对应 T_{2lm} 值较高，为 Ⅰ 类孔隙结构类型（图 5.10）。

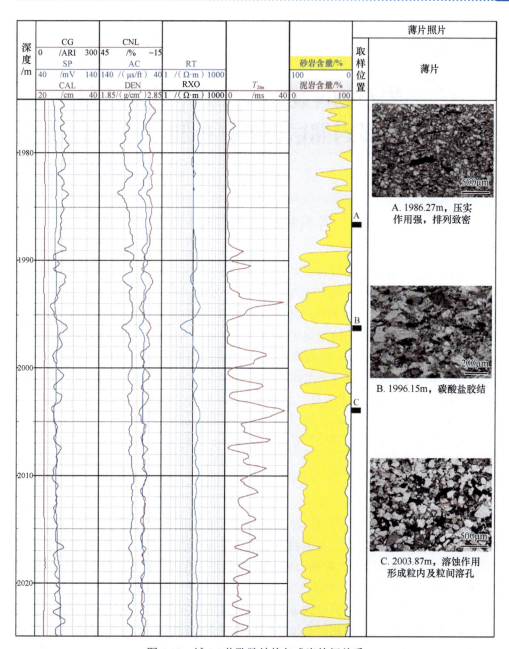

图 5.10　城 96 井孔隙结构与成岩特征关系

第 6 章

岩石物理相分类命名、定量表征及其对储层有效性控制

6.1 岩石物理相分类命名方案

前已述及，划分储层岩石物理相的方法较多，每一种方法都具有各自的优势和适用范围。本章经综合研究认为：应在充分厘定岩石物理相的内涵和外延的情况下寻求各种不同方法的融合渗透，以达到岩石物理相综合划分与命名的目的。如第一种以地质研究为主的方案采用的评价参数比较简单，实用性较强，但应优选表征不同岩石物理相最灵敏的参数（如储集层品质指数及流动带指标等）。第二类（种）数学方法除强调各参数间的数据关联外，同时也应对储层地质和地球物理响应的内在联系进行分析，且一定要明确各参数代表的地质含义。第三种即"相控"叠加法，由于综合考虑了储层的成因机理及储层物性的主控地质因素，其分类结果更具科学性，但是需要依赖于大量的分析化验及测井资料。克深地区巴什基奇克组测井资料采集比较丰富，目前各井的测井项目比较齐全，除常规的自然伽马、密度和声波等测井外，还进行了地层倾角、微电阻率扫描成像（FMI）、偶极横波和元素俘获（ECS）等新技术测井。配套的分析化验资料包括岩心扫描图像、物性测试、粒度筛析、普通薄片、铸体薄片、扫描电镜、X 射线衍射、阴极发光、压汞测试和核磁共振等。具备了利用"相控"叠加法划分储层岩石物理相的资料基础，因此本章在以上岩性岩相、成岩相、裂缝相和孔隙结构相分类命名的基础上，通过四种相的叠加与耦合来实现岩石物理相的综合分类与命名。

由于岩石物理相的研究以叠加原理和延展原理为基础，即岩石物理相首先是岩性岩相、成岩相、裂缝相和孔隙结构相从井点单砂层或砂层组上的延拓（延展原理），而延展到平面上不同相带的有机叠合处即形成了现今的孔隙网络特征（叠加原理）。考虑岩石物理相为沉积、成岩和构造作用的综合效应（孔隙结构相），因此认为岩石物理相的综合划分与定名应采用四类相的叠合原则，即岩性岩相+成岩相+裂缝相+孔隙结构相。简要来说，即是在对储层岩性岩相、成岩相、裂缝相和孔隙结构相划分的基础上通过四者的叠加来划分储层岩石物理相。叠加并选取定量表征参数时应根据不同相对储层质量与产能的影响赋予不同的权值，即通过

加权平均的方法达到岩石物理相定量表征的目的。具体权重值应结合不同油田地质特征进行参数统计分析与调整，从而建立起不同类型岩石物理相参数指标及权值，实现不同储层岩石物理相的定量表征。这样不仅能将控制岩石物理相的主要因素——沉积相、成岩相和构造相均予以充分考虑，更可以充分赋予岩石物理相地质"相"的含义，从而使其真正具备预测功能，而且还能够形成储层岩石物理相的定量划分标准。而对岩石物理相命名时可采用地质分类命名法则，即把主控因素放后面，次要因素放前面，即按照先沉积后成岩再裂缝和孔隙结构（岩性岩相→成岩相→裂缝相→孔隙结构相）的顺序直接定名或编码，考虑到命名方案的复杂性，必要时可用字母来代替。

6.2　库车拗陷致密砂岩气储层岩石物理相定量分类

克深地区巴什基奇克组储层可划分出的岩石物理相类型有水下分流河道中砂岩-不稳定组分溶蚀-网状缝-Ⅰ类中孔中喉型岩石物理相、河口坝中砂岩-碳酸盐胶结-高角度斜交缝-Ⅲ类小孔细喉型岩石物理相等。上述"相控"叠加法划分出的岩石物理相名称过长，因此可以用字母来代替。如以 LF 代替岩性岩相，LF1 为水下分流河道中砂岩相，LF2 为水下分流河道细砂岩相，水下分流河道粗砂岩相为 LF3，水下分流河道砂砾岩相为 LF4，河口坝中砂岩相为 LF5，河口坝细砂岩相为 LF6，水下分流间湾泥岩相为 LF7；成岩相方面，压实致密相为 DF1，伊蒙混层充填相为 DF2，碳酸盐胶结相为 DF3，不稳定组分溶蚀相为 DF4，成岩微裂缝相则为 DF5；裂缝相方面，FF1 为近水平缝相、FF2 为低角度斜交缝相、FF3 为高角度斜交缝相、FF4 为网状缝相；孔隙结构相方面，Ⅰ类中孔中喉型为 PX1，Ⅱ类中孔细喉型为 PX2，Ⅲ类小孔细喉型为 PX3，Ⅳ类微孔微喉型为 PX4。则水下分流河道中砂岩-不稳定组分溶蚀-网状缝-Ⅰ类中孔中喉型岩石物理相可用字母代替为 LF1-DF4-FF4-PX1 岩石物理相。

"相控"叠加法由于存在地质概念（术语）的相对模糊性这一缺陷，因此按该方案划分出的岩石物理相只局限于定性描述的范畴，没有形成统一的定量评价指标。为了定量表征岩性岩相、成岩相、裂缝相和孔隙结构相对储层改造而形成的综合效应，本章结合测井、物性分析及试气资料，首先通过不同岩性岩相、成岩相、裂缝相与孔隙结构相与相应的物性资料或试气产能数据的标定与拟合，分别形成各相与物性分析乃至产能测试的定量匹配关系，从而建立相应的定量表征参数。再根据四者对储层"甜点"发育影响的重要程度分别赋予其不同的权值，由此通过加权平均的方法计算不同岩石物理相的定量表征参数值。

鉴于储集层品质指数（RQI），即渗透率 K（$10^{-3}\mu m^2$）与孔隙度 ϕ（小数，如孔隙度 10% 取值为 0.1）比值的平方根，能准确地反映储集层孔隙结构和岩石物理性质的变化，是表征储集层微观孔隙结构的最佳宏观参数，因此本章选取 RQI 值来表征不同岩性岩相、成岩相对储层质量的控制作用。

6.2.1 岩性岩相对储层质量控制

克深地区巴什基奇克组储层沉积微相对储层物性具有先天性的控制作用，一般河口坝砂体物性较好，具有相对较高的渗透率，主要是河口坝微相砂体较纯，颗粒分选性较好，因此容易保存较多的原生孔隙，连通性好，渗透率高；相比较而言，水下分流河道微相砂体物性也较好，具有较高的孔隙度，但渗透率相对较低；而水下分流间湾微相储集物性最差，主要是由于其先天条件不足，沉积物颗粒粒度较细或砂泥混杂，颗粒分选性差，导致其在后期的埋藏成岩演化过程中易于被压实致密，因此其储集物性最差（图6.1）。不同粒度储层物性差异较大，粒度越粗，其渗透率越高（图6.2）[①]。在同一深度范围、同一成岩阶段等条件下，沉积水动力能量较强，颗粒粒度越粗，杂基含量越低，沉积物抗压实能力越强，储层物性相对较好。

根据图6.1和图6.2分别统计了不同沉积微相及不同粒级砂岩的 RQI 平均值（表6.1和表6.2）。为了较好地评价储层岩性岩相特征对储层物性的控制，首先将沉积微相和粒度对储层物性的影响通过 RQI 值进行归一化，即将物性最差的沉积微相（水下分流间湾）及粒级（泥质或粉砂）赋值为1.00，其他沉积微相（或粒级）RQI 值与其比值为该类沉积微相（或粒级）的物性参数值，如水下分流河道为0.108/0.085≈1.27。将粒度为泥和粉砂级别的赋值为1.00的话，中砂则为0.239/0.114≈2.10。岩性岩相对储层物性的控制主要是通过沉积微相与粒度的耦合来得到，将沉积微相与粒度相组合形成不同岩性岩相对储层物性的控制，如水下分流间湾泥岩相物性参数指标为1.00×1.00=1.00，水下分流河道中砂岩相的物性参数指标为1.27×2.10≈2.67。总体而言，岩性岩相对储层的物性具有先天性控制作用，且物性方面，河口坝中砂岩相>水下分流河道中砂岩相>河口坝细砂岩相>水下分流河道细砂岩相>水下分流河道砂砾岩相>水下分流间湾泥岩相（表6.3）[①]。

① 王贵文，赖锦，张永辰，等. 2013. 大北克深地区白垩系岩石物理相类型及在测井储层评价中的应用. 中国石油天然气股份有限公司塔里木油田公司内部研究报告。

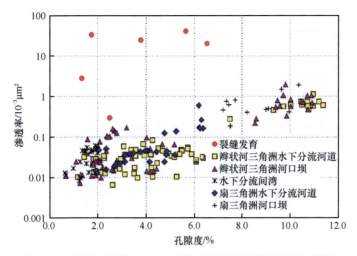

图 6.1　克深地区巴什基奇克组储层不同沉积微相孔渗关系图

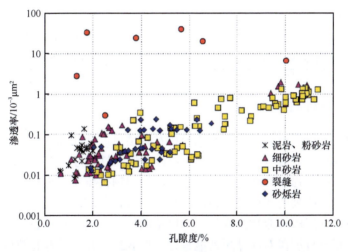

图 6.2　克深地区巴什基奇克组储层粒度与孔渗关系图

表 6.1　巴什基奇克组储层沉积微相物性特征表

不同沉积微相	孔隙度/%	渗透率/10⁻³μm²	RQI 平均值/μm	归一化 RQI 值
水下分流间湾	0.65~2.78（1.52）	0.01~0.06（0.03）	0.14	1.00
辫状河三角洲水下分流河道	1.18~11.38（5.40）	0.01~1.16（0.18）	0.18	1.27
辫状河三角洲河口坝	0.69~10.91（4.68）	0.01~1.97（0.25）	0.23	1.64
扇三角洲水下分流河道	3.46~6.93（5.24）	0.02~0.62（0.15）	0.17	1.20
扇三角洲河口坝	1.92~10.35（5.22）	0.01~1.93（0.29）	0.24	1.68

注：括号内数据为平均值。

表 6.2　巴什基奇克组储层粒度物性特征表

粒度级别	孔隙度/%	渗透率/$10^{-3}\mu m^2$	RQI 平均值/μm	归一化 RQI 值
泥岩、粉砂岩	0.65～2.25（1.51）	0.01～0.14（0.02）	0.11	1.00
细砂岩	0.69～10.91（3.33）	0.01～1.97（0.07）	0.15	1.33
中砂岩	3.13～11.35（6.97）	0.01～1.42（0.40）	0.24	2.10
砂砾岩	0.97～6.93（4.03）	0.01～0.14（0.07）	0.14	1.26

注：括号内数据为平均值。

表 6.3　巴什基奇克组储层岩性岩相与储层物性特征表

岩性岩相类型	物性参数指标（RQI 比值）
水下分流河道中砂岩相（LF1）	2.67（1.27×2.10）
水下分流河道细砂岩相（LF2）	1.69（1.27×1.33）
水下分流河道粗砂岩相（LF3）	1.59（1.27×1.25）
水下分流河道砂砾岩相（LF4）	1.51（1.20×1.26）
河口坝中砂岩相（LF5）	3.44（1.64×2.10）
河口坝细砂岩相（LF6）	2.18（1.64×1.33）
水下分流间湾泥岩相（LF7）	1.00（1.00×1.00）

6.2.2　成岩相对储层质量控制

相关物性分析资料表明，不同成岩相发育层段，其孔隙度和渗透率虽没有明显的边界，但总体而言压实致密相发育层段对应物性最差。该成岩相发育层段先天条件不足，沉积物粒度细且泥质含量高，沉积物抗压实能力较低，导致其与经历相同成岩演化序列的其他层段相比，相对经历较高的压实程度而显得致密。碳酸盐胶结相发育层段对应物性也很差，伊蒙混层胶结层段物性也较差，相反不稳定组分溶蚀相发育层段对应储集性能最好（图 6.3），并且具有孔隙度高但渗透率没有显著提高的特征，这主要是由于不稳定组分溶蚀相对应层段的主要储集空间是以除剩余原生孔隙之外的次生溶蚀孔隙为主（图 6.3）。研究表明，不同的孔隙类型对储层渗透率的贡献不同，一般情况下，原生孔隙由于以粒间孔隙为主，具有喉道较粗的特征，对渗透率的贡献大，而次生溶蚀孔隙主要以长石、岩屑的粒内孔为主，喉道细，且孔隙常呈孤立状而相互不连通，对储层渗透率的贡献小。成岩微裂缝发育层段对应渗流性能最好，是主要的天然气高产区，因此从成岩相角度考虑，不稳定组分溶蚀相和成岩微裂缝相是研究区下一步寻找优质储集体的主要目标层段（表 6.4）。

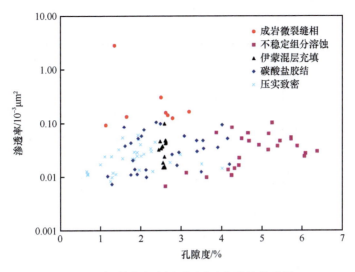

图 6.3　巴什基奇克组不同成岩相孔渗关系图

与岩性岩相类似，同样将成岩相中物性最差的压实致密相赋值为 1.00，其他成岩相的 RQI 平均值与压实致密相的比值作为该成岩相的物性参数值（表 6.4）。

表 6.4　克深地区巴什基奇克组储层成岩相物性特征表

不同成岩相	孔隙度/%	渗透率/10⁻³μm²	RQI 平均值/μm	归一化后物性指标
压实致密相	1.82	0.02	0.10	1.00
碳酸盐胶结相	2.61	0.03	0.11	1.02
伊蒙混层充填相	2.91	0.04	0.12	1.12
不稳定组分溶蚀相	4.81	0.09	0.14	1.31
成岩微裂缝相	2.19	0.50	0.48	4.54

6.2.3　裂缝相对储层产能控制

裂缝相方面，则主要从其对产能控制的角度出发，因为裂缝的存在可以大大改善储层渗流性能和产液能力。根据克深 2 井、克深 201 井和克深 202 井等 6 口井的实际试气资料，产能指数（单位压差下每 1m 层段的天然气日产量）随着裂缝密度、裂缝长度和裂缝角度的增大均上升明显，且具有良好的统计正相关关系（图 6.4）。裂缝发育越密集（裂缝密度越大），同等压差和油嘴条件下，单位层段天然气产能也越高 [图 6.4（a）]，而裂缝切割井眼长度越长（裂缝长度越大），储层产能指数也相应增大 [图 6.4（b）]。通常认为水平缝受上覆地层的压力作用张开度小，甚至是完全闭合的，对产能的改善作用非常有限，而高角度斜交缝的地下张开度大，渗透性较好 [图 6.4（c）]。事实上，同等裂缝密度条件下，裂缝角

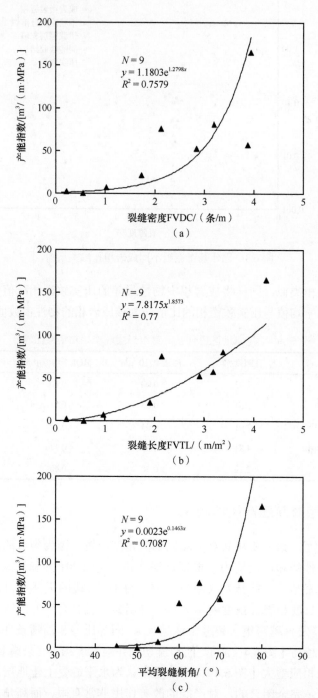

图 6.4 储层产能指数与裂缝密度（a）、裂缝长度（b）和平均裂缝倾角（c）关系图

度越高，代表裂缝切割单位井眼长度也越长，从而储层产液能力也增大。说明高角度斜交缝较低角度斜交缝而言，产能更高，而网状缝（具有最高的裂缝密度和长度值）与斜交缝和水平缝相比，产能相对更高。如将无裂缝发育层段赋值为 1，则近水平缝应为 2，低角度斜交缝可为 4，高角度斜交缝则应为 6，而由于网状缝产能最高，一般为无缝层段的 10 倍乃至以上，因此将网状缝赋值为 10。

6.2.4　孔隙结构相对储层质量控制

岩石物理相最终表征的是流体渗流孔隙网络特征的高度概括——现今的孔隙几何学特征，它反映了储层宏观物性特征及储层微观孔隙结构特征。通过储层岩石物理相研究可探讨储集体内孔隙空间的形成及其演化过程，基于岩石物理相分类可较好地实现储层孔隙结构特征的分类评价，并可以利用岩石物理相地质"相"的内涵去预测新的有利孔渗发育带。这样既能对孔隙结构的成因机理进行深入分析，又能实现其定量评价。岩石物理相既可反映储层的宏观特征，又可反映其微观孔隙结构特性，且根据储层岩石物理相划分开展储层孔隙结构分类评价是揭示储层地质成因机理的有效途径。

本章参照不同类型孔隙结构的宏观物性及微观孔喉组合特征，将最差的Ⅳ类微孔微喉型孔隙结构赋值为 1.0，Ⅲ类小孔细喉型权值为 1.5，Ⅱ类中孔细喉型权值为 2.5，孔隙结构最好的Ⅰ类中孔中喉型赋值为 3.5。

6.3　岩石物理相定量表征方法

在以上不同裂缝相、成岩相、孔隙结构相和岩性岩相定量物性指标或产能参数形成的基础上，考虑四者对储层物性或产能的影响大小可能不同，因此在将四种相叠加之前应分别赋予其一定的权重值，通过求取其加权平均值得到不同岩石物理相的定量表征参数。即将裂缝相、成岩相、孔隙结构相和岩性岩相所赋的值分别乘以相应的权重值再将四者相加以实现岩石物理相的综合定量表征。

研究表明，从岩石物理相对致密砂岩储层"甜点"发育控制的角度考虑，裂缝相的贡献应占主要地位，成岩相次之，孔隙结构相再次之，岩性岩相的贡献最小。因此叠加并选取定量表征参数时应赋予裂缝相最大权值，对成岩相赋予足够大的权值，对孔隙结构相也赋予较大的权值，而对岩性岩相赋予相对较小权值。

事实上，对储层基质部分的物性（储层基质质量）而言，一般成岩作用改造下的成岩相及微观孔隙结构相的控制作用最大，裂缝相和岩性岩相的贡献相对较小。因此对储层质量（物性）方面（RPF1），成岩相（40%）＞孔隙结构相（30%）＞裂缝相（20%）＞岩性岩相（10%）。众所周知，裂缝的发育将大大改善储集层段的油气产能，因此在同等基质部分质量条件下，储层产能方面（RPF2）则裂缝相（40%）＞孔隙结构相（30%）＞成岩相（20%）＞岩性岩相（10%）。在将四者赋予不同权值的基础上，可通过求取岩性岩相、成岩相、裂缝相和孔隙结构相四者加权平均值的方法分别求取储层质量（物性）指标和储层产能指标（图6.5和图6.6）。其原理在于成岩相与孔隙结构相的耦合决定了储层基质部分的质量，因此计算储层质量指标时将该两类相赋予了足够大的权值，相应地，由于裂缝孔隙度较小（＜0.5%），因此叠加计算储层质量指标时相应裂缝相的权值较小，而岩性岩相是控制储层质量的基础，同一种岩性岩相经历不同成岩相改造之后物性差异可能较大，因此岩性岩相对物性的控制作用相对权值最小。对储层产能而言，裂缝的改造作用最大，因此计算储层产能指标时将裂缝相赋予最大的权值。而基质部分的孔隙结构类型决定了储层能否保持稳产，因此孔隙结构相对储层产能的控制也较大，相应地赋予较大的权值。成岩相则紧随其后，对储层产能起一定控制作用，但相应权重值较小，而岩性岩相作为决定储层质量和产能的基础，相应赋予的权重值应最小。

根据以上的计算流程（图6.5和图6.6），可计算得到水下分流河道中砂岩-成岩微裂缝相-Ⅰ类中孔中喉型-网状缝岩石物理相（LF1-DF5-FF4-PX1）的储层质量指标和储层产能指标。其中，储层物性指标 RPF1=10%×2.67+20%×10.00+30%×4.00+40%×4.54≈5.28；对于水下分流河道中砂岩-不稳定组分溶蚀-Ⅰ类中孔中喉型-网状缝岩石物理相（LF1-DF4-FF4-PX1），其储层产能指标 RPF2=10%×2.67+20%×1.31+30%×4.00+40%×10.00≈5.73。

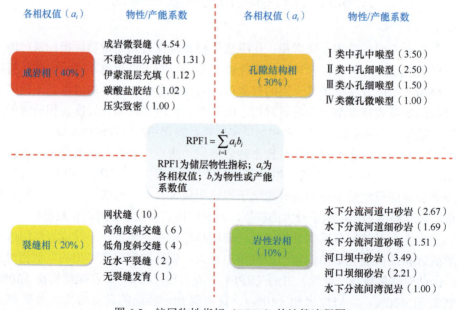

图6.5　储层物性指标（RPF1）的计算流程图

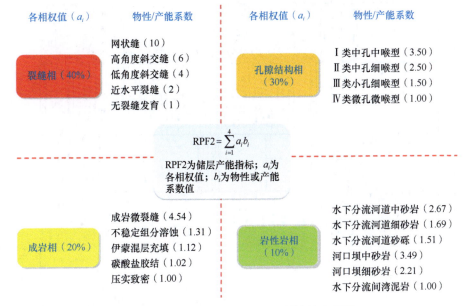

各相权值（a_i）　　物性/产能系数

裂缝相（40%）

网状缝（10）
高角度斜交缝（6）
低角度斜交缝（4）
近水平裂缝（2）
无裂缝发育（1）

各相权值（a_i）　　物性/产能系数

孔隙结构相（30%）

Ⅰ类中孔中喉型（3.50）
Ⅱ类中孔细喉型（2.50）
Ⅲ类小孔细喉型（1.50）
Ⅳ类微孔微喉型（1.00）

$$RPF2 = \sum_{i=1}^{4} a_i b_i$$

RPF2为储层产能指标；a_i为各相权值；b_i为物性或产能系数值

成岩相（20%）

成岩微裂缝（4.54）
不稳定组分溶蚀（1.31）
伊蒙混层充填（1.12）
碳酸盐胶结（1.02）
压实致密（1.00）

岩性岩相（10%）

水下分流河道中砂岩（2.67）
水下分流河道细砂岩（1.69）
水下分流河道砂砾（1.51）
河口坝中砂岩（3.49）
河口坝细砂岩（2.21）
水下分流间湾泥岩（1.00）

图 6.6　储层产能指标（RPF2）的计算流程图

通过对各井巴什基奇克组储层纵向上的岩性岩相、成岩相、裂缝相和孔隙结构相的单独划分，按照上述的方法流程计算出了单井纵向上连续分布的岩石物理相系数值（图 6.7）。

6.4　合水地区延长组长 7 段致密油储层岩石物理相定量分类

对合水地区长 7 段致密油储层而言，也可以利用加权平均值的方法求取其岩石物理相定量表征参数。其中，不同岩性岩相与储层物性有较好的对应关系：半深湖-深湖泥岩相的孔隙度和渗透率均较低（孔隙度一般小于 6%，渗透率一般小于 $0.1 \times 10^{-3} \mu m^2$）；油页岩相表现出高渗透率的特征；浊积粉细砂岩相孔渗较泥岩相好，孔隙度分布在 4%～10%，渗透率均在 $0.1 \times 10^{-3} \mu m^2$ 左右；砂质碎屑流细砂岩相孔隙度分布在 6%～12%，渗透率在 $0.1 \times 10^{-3} \sim 10.1 \times 10^{-3} \mu m^2$，渗透率总体大于其他类岩相的原因是砂质碎屑流含较多石英、长石等脆性矿物，易产生微裂缝使砂体渗透率相对较大。总体来看，砂质碎屑流细砂岩岩相综合物性最好，其次是浊积粉细砂岩相（图 6.8）。

不同岩性岩相也控制着致密油含油气性。总体来看，浊积粉细砂岩相含油气性最好，含油饱和度和孔隙度范围均最大；砂质碎屑流细砂岩相次之；半深湖-深湖泥岩相综合含油气性较差；油页岩相含油饱和度和孔隙度均最小。

结合相关物性分析资料表明，不同成岩相储集层物性之间均有一定程度的重

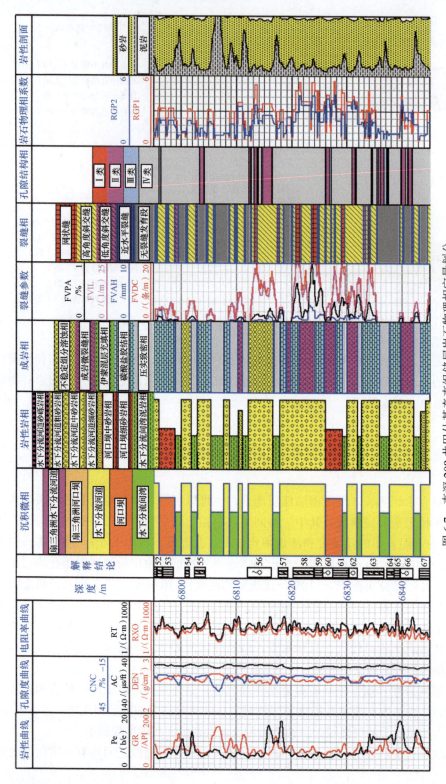

图 6.7 克深 208 井巴什基奇克组储层岩石物理相定量划分

53、54、59、61、65、67 为干层；56、60、62、66 为气层；52、55、57、58、63、64 为差气层

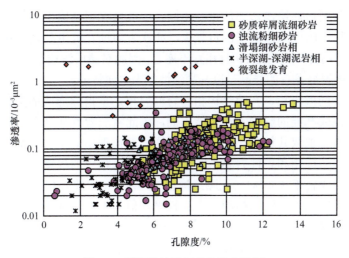

图 6.8　不同岩性岩相的物性参数图

叠，即孔隙度和渗透率没有明显的边界，但总体而言压实致密成岩相发育层段对应物性最差，主要是该成岩相发育层段先天条件不足，沉积物粒度细且泥质含量高，沉积物抗压实能力较低，既不利于原生孔隙的保存也不利于次生孔隙的产生，因而在后期埋藏成岩过程中被压实而致密。碳酸盐胶结成岩相发育层段对应物性也很差，早期碳酸盐胶结物破坏原生孔隙，晚期含铁碳酸盐胶结物又进一步破坏次生溶蚀孔隙，但碳酸盐胶结相对应层段的物性主要受碳酸盐胶结物含量控制，部分碳酸盐含量较低的层段，物性反而能得到一定保存。此外，三种破坏性成岩相中黏土矿物层段物性相对较好。不稳定组分溶蚀成岩相发育层段对应储层性能最好（图 6.9），并且具有高孔低渗的特征，这主要是由于不稳定组分溶蚀相对应层段的主要储集空间是以除剩余原生孔隙之外的次生溶蚀孔隙为主。研究表明，

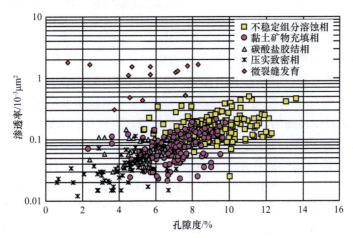

图 6.9　合水地区长 7 段致密油储层不同成岩相与储层参数关系图

不同的孔隙类型对储层渗透率的贡献不同，一般情况下，原生孔粒间孔隙具有喉道较粗的特征，因此对渗透率的贡献大，而次生溶蚀孔隙主要是颗粒的粒内孔为主，喉道细，且孔隙常呈孤立状且相互不连通，因此对储层渗透率的贡献小。此外，还有少部分微裂缝发育的样品，以其高渗性能为主要特征。

在以上不同成岩相、孔隙结构相和岩性岩相定量指标形成的基础上，考虑三者对储层物性或产能的影响大小可能不同，因此将三者叠加之前应分别赋予一定的权重值，通过求取其加权平均值得到不同岩石物理相的定量表征参数，分别将成岩相、孔隙结构相和岩性岩相所赋的值分别乘以相应的权重值再将其相加。各相权值分别为成岩相（50%）、孔隙结构相（30%）和岩性岩相（20%），通过求取岩性岩相、成岩相和孔隙结构相三者加权平均值的方法分别求取出储层品质的两个评价指标（图 6.10）。

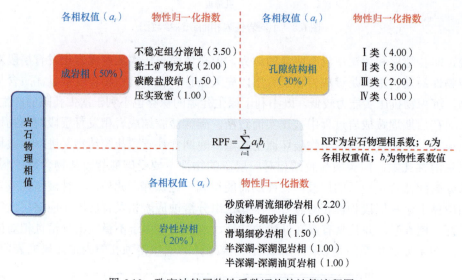

图 6.10 致密油储层物性系数评价的计算流程图

根据以上的计算流程，可计算得到砂质碎屑流细砂岩-不稳定组分溶蚀-一类孔隙结构岩石物理相：其储层 RQI=20%×2.20+50%×3.50+30%×4.00=3.39。

不同岩石物理相相类型储层孔渗交会图：长 7 段致密油储层"甜点"是相控的，因此也是可以预测的，通过岩石物理相的深入研究有利于储层综合评价和"甜点"发育带预测（图 6.11）。

地质相对油气的控制作用从宏观到微观层次上可以分为构造相控油气作用、沉积相控油气作用、岩相控油气作用及岩石物理相控油气作用，其中，岩石物理相是控制油气分布的最重要因素。显然，按照以上方法流程计算出的储层岩石物理相定量表征参数值越大，代表控制该类致密油储层"甜点"形成的沉积、成岩和构造条件越有利。长 7 段致密油四口密闭取心井资料分析表明，含水饱和度与孔隙度相关性较好（图 6.12）。平均孔隙度为 8% 时对应的束缚水饱和度为 22%，平均挥发率为 4%，计算原始含油饱和度为 74%。

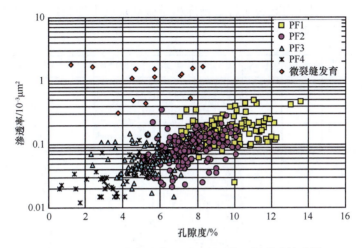

图 6.11　长 7 段致密油储层不同岩石物理相孔渗关系图

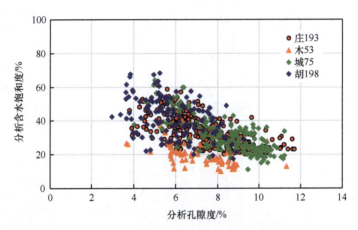

图 6.12　长 7 段密闭取心孔隙度与含水饱和度关系图

　　为了验证该方法的有效性和寻找长 7 段致密油储层中受岩石物理相控制的"有效储渗体"的分布，以板 28 等 7 口水基泥浆井为例，通过对长 7 段致密油储层纵向上的岩性岩相、成岩相和孔隙结构相的单独划分，按照上述的方法流程计算出了纵向上连续分布的岩石物理相指数值（图 6.13）。由图 6.13 可以看出，同一种类型岩石物理相具有相同的岩石物理相指数，不同的岩石物理相 RPF 值不同，岩石物理相受沉积微相先天条件的约束（岩石物理相指数值高的相带多形成于有利的沉积微相带），同时岩石物理相也受成岩相等后天因素的改造，最高的储层岩石物理相指数值通常是在有利的沉积微相的基础上经过有利成岩改造和晚期构造破裂形成的微裂缝叠加作用的结果,对应高产储层的发育。含油层均对应岩石物理相指数值较高的层段,反之,岩石物理相指数值较低的层段,测井解释结论多为干层或非储集层。由此说明岩石物理相是微观尺度上控制致密油储层的非均质性和含油性的最重要因素。

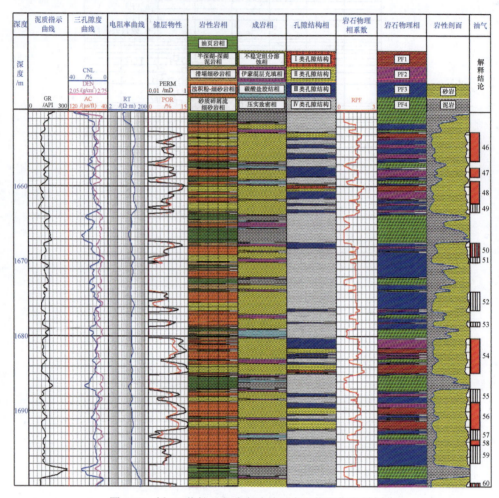

图 6.13　板 28 井长 7 段致密油储层岩石物理相定量划分

鄂尔多斯盆地长 7 段致密油储层的非均质性程度及致密油的分布富集和高产主要受岩性岩相、成岩相和孔隙结构相三种因素的影响,即岩石物理相带的控制。总体而言,成岩相和孔隙结构相对长 7 段致密油藏"甜点"的发育贡献较大,岩性岩相的贡献相应较小,该致密油藏"甜点"发育带对应有利的成岩相、孔隙结构相和岩性岩相的耦合带,即有利的岩石物理相发育带。岩石物理相从微观尺度上控制着致密油储层的非均质性和含油性,因此基于岩石物理相划分是开展致密油藏的储层成因机理分析乃至其定量评价的有效途径。

6.5　岩石物理相聚类分析

考虑按照"相控"叠加的方法进行分类之后的岩石物理相类型较多，且命名方案太复杂，储层理论上可划分出 560 种（7×5×4×4）岩石物理相，剔除一些不合理的和研究区目的层不存在的组合之后仍种类繁多。因此认为可按照有利和不利的岩性岩相、建设性和破坏性的成岩相、裂缝发育与否叠加后的岩石物理相进行分类归纳总结。开展储层岩石物理相研究的目的在于对油气储集层进行质量分类评价、预测高产区和低产区，有利的孔渗发育带一般处于有利裂缝、成岩相、孔隙结构相和岩性岩相的耦合带，即有利岩石物理相区。由此本节分别按照裂缝相、成岩相和岩性岩相对储集岩孔隙结构的建设与破坏作用，对巴什基奇克组储层的岩石物理相类型进行聚类分析，简单说来，可以归纳总结出 PF1、PF2、PF3 和 PF4 四大类（表 6.5）。

PF1 类：该类岩石物理相为裂缝相较为发育层段（裂缝发育级别较高），其成岩相类型可为建设性也可为破坏性，该类岩石物理相发育层段渗透率很高，一般也具有较高的 RQI 值。它是在有利的岩性岩相条件下经历有利成岩相和/或裂缝相改造后的产物，因此一般对应较好的储层孔隙结构相，储层质量和产能最好，为主要含气层段。

PF2 类：在有利的岩性岩相（水下分流河道、河口坝）条件下经历有利成岩相改造后的产物，相比较 PF1 类而言，裂缝相发育级别较低，因而孔隙结构相稍差，但储层质量和产能也较好，常对应差气层。

PF3 类：在有利的岩性岩相条件下经历不利成岩相改造后的产物，且裂缝发育级别低，因此其孔隙结构相较差，储层质量和产能也较差，多对应干层，偶尔为差气层。

PF4 类：受不利的岩性岩相（水下分流间湾泥岩）先天条件控制，导致其成岩相以破坏性的压实致密或碳酸盐胶结相为主，一般也不发育裂缝，因此对应最差的孔隙结构相，储层质量和产能最低，多为非储层段。

同样地，针对合水地区延长组长 7 段致密油储层，按照"相控"的方法储层理论上可划分出 80 种（4×4×5）岩石物理相，即使剔除一些不合理的组合之后仍种类繁多，因此可按照有利和不利的岩性岩相、建设性和破坏性的成岩相、孔隙结构的优劣等对叠加后的岩石物理相进行分类归纳总结。开展储层岩石物理相研究的目的在于对油气储集层进行质量分类评价、预测高产区和低产区。因为有利的孔渗发育带一般处于有利成岩相、孔隙结构相和岩性岩相的耦合带，即有利岩石物理相区。由此本章分别按照成岩相、孔隙结构相和岩性岩相对储集岩孔隙结构的建设与破坏作用，对长 7 段致密油储层的岩石物理相类型进行聚类分析，简单说来，可以归纳总结出以下四大类（表 6.6）。

表 6.5 克深地区巴什基奇组储层岩石物理相聚类分析

岩石物理相	产能 RGP1	质量 RGP2	岩性岩相	成岩相	裂缝相	孔隙结构相	解释结论
PF1	1.08~5.62 (2.53)	1.17~4.53 (2.51)	水下分流河道中-细砂岩、河口坝中-细砂岩	成岩微裂缝、不稳定组分溶蚀	网状缝、高角度斜交缝	I 类为主	气层、差气层
PF2	0.41~4.12 (2.03)	0.58~3.68 (1.97)	水下分流河道中-细砂岩、河口坝中-细砂岩	不稳定组分溶蚀、伊蒙混层充填	高角度斜交缝、低角度斜交缝	II 类和 III 类	差气层
PF3	0.30~3.22 (1.12)	0.08~3.33 (1.14)	水下分流河道中-细砂岩、河口坝中-细砂岩	压实致密、碳酸盐胶结	低角度斜交缝	III 类和 IV 类	差气层、干层
PF4	0.01~2.04 (0.60)	0.01~2.02 (0.70)	以水下分流间湾为主	压实致密	无裂缝发育	IV 类	非储层段、干层

注：致密气储层质量的定量指标 RGP2 和产能的定量指标 RGP1（分别将不同的岩性、成岩相、裂缝相和孔隙结构相赋予不同的权重子值，再在 Forward 测井解释平台上编写处理程序，通过加权平均的方法求取）。

表 6.6　研究区长 7 段致密油储层岩石物理相及储层类型划分

岩石物理相类别	岩性岩相	成岩相	孔隙结构相	RPF 值	解释结论	储层类别
PF1	砂质碎屑流细砂岩、浊流细砂岩	不稳定组分溶蚀	Ⅰ类和Ⅱ类	2.97～3.39（3.18）	油层	Ⅰ
PF2	浊流细粉砂岩、滑塌细砂岩相	不稳定组分溶蚀	Ⅱ类和Ⅲ类	2.65～2.97（2.81）	油层、差油层	Ⅱ
PF3	浊流细粉砂岩、滑塌细砂岩相	不稳定组分溶蚀、伊蒙混层充填、碳酸盐胶结	Ⅲ类	1.65～2.67（2.08）	差油层、干层	Ⅲ
PF4	深湖-半深湖泥岩相、油页岩岩相	压实致密、碳酸盐胶结、伊蒙混层充填	Ⅳ类	1.00～1.50（1.25）	非储层段、干层	Ⅳ

PF1 类：岩性岩相为砂质碎屑流细砂岩相或浊流细砂岩相，成岩相为建设性的不稳定组分溶蚀相，孔隙结构具有大孔粗喉、中孔中喉的特征，是在有利的岩性岩相条件下经历了有利成岩作用和/或后期构造改造后的产物，因此一般对应较好的储层孔隙结构相，储层质量和产能最好，为有利的含油层段。

PF2 类：该类岩石物理相较为发育，是在有利的岩性岩相（浊流细砂岩、浊流粉砂岩）条件下经历有利成岩相改造后的产物，相对于 PF1 类来说孔隙结构相稍差，多为中孔中喉、中孔细喉，但储层质量和产能也较好，常对应油层或差油层。

PF3 类：在一般的岩性岩相条件下经历不利或有利的成岩作用改造后的产物，因此其孔隙结构相较差，储层质量和产能也较差，多对应干层，偶尔为差油层。

PF4 类：受不利的岩性岩相（深湖-半深湖泥岩相或油页岩岩相）先天条件控制，导致其成岩相以破坏性的压实致密相或碳酸盐胶结相为主，一般不发育裂缝，对应最差的孔隙结构相，储层质量和产能最低，多对应非储层段。

6.6　岩石物理相对储层有效性控制

储层有效性研究通常包括两方面内容：一是储层的质量评价，有效储层下限是油气勘探开发研究的重点，通常可采用压汞资料结合物性参数等划分储层类型，从好到差对储层分级；二是储层的含油气性评价，即将储层划分为气（油）层、差气（油）层、干层和非储层段等。研究表明，虽然影响储层有效性的因素众多，如沉积因素造成的颗粒粒度、分选性的差异，成岩因素如压实、胶结及溶蚀等成岩作用强度的差异，但这些影响因素最终均表现为储层岩石物理相系数（PF）值的变化。理论上，一般 PF 值越大，代表控制该类致密砂岩储层"甜点"形成的沉积、成岩和构造条件越有利，因此储层有效性（物性和含气性）一般也越好。

克深区块巴什基奇克组储层物性下限主要通过最小流动孔喉半径法来确定[①]，即首先通过渗透能力分布法将克深区块储层最小流动孔喉半径定为 0.016μm，由此再通过孔喉半径与实测的孔隙度、渗透率做相关交会图即得到储层孔隙度下限为 3.6%，而渗透率下限为 $0.016 \times 10^{-3} \mu m^2$，部分层段由于裂缝或微裂缝的存在可以降低储层的物性下限值。

岩石物理相对油气的控制作用主要表现为储层孔隙性和渗透性对储层微观含油气性的控制，相对高孔渗控藏是岩石物理相控藏的基本特征。为了深入探讨岩石物理相对储层含油气性的控制作用，在各单井岩石物理相定量划分的基础上，结合测井解释成果表，分别统计每口井的气层、差气层、干层和非储集层段的储层质量指标的储层产能指标。然后再取二者平均值作为表征储层有效性的定量指标，即岩石物理相系数 PF。在储层下限指标确定的情况下，为了进一步阐明岩石物理相对储层有效性的定量控制作用，在各单井纵向上岩石物理相定量划分的基础上，通过对六口关键井，即克深 2 井、克深 201 井、克深 202 井、克深 207 井、克深 208 井和克深 8 井的物性分析、测井解释成果和试气结论与岩石物理相系数 PF 的匹配关系表明，储层物性越好，PF 值一般也越高，其含气性也越好（图 6.14），而根据储层下限值确定的相应的岩石物理相系数 PF 下限值约为 2.8。因此 PF 值可作为表征储层岩石物理性质和含气性能的理想参数。单井纵向上 PF 值大于 2.8 的层段，即可解释为有效储层发育段，且 PF 值越大，一般储集体质量将越高，而含气性也越好，因此在对储层岩石物理相定量划分的基础上，即可在其控制下实现储层的综合评价和有利发育区带预测。

当然有个别具有较高 PF 值的层段有时也对应差气层或含水气层段，经统计表明，该类差气层段虽然发育裂缝导致该层段具有较高的 PF 值，但由于受成岩相控制的基质孔隙不发育，储层储集性能差，因此一般形成差气层。说明只有当孔隙和裂缝同时发育时，致密砂岩储层才能获得高产稳产，否则只能形成低产，或虽有早期高产，但稳产时间短。而该类具有较高 PF 值的含水气层则孔隙度和渗透率均较高，而其含水的原因主要在于这些局部发育的物性好的砂体，其相对毛细管阻力较小，无法克服浮力的作用，致密砂岩气是主要依靠储层本身毛细管阻力封闭的，因此较低的毛细管压力导致气水分异不彻底，这可能与局部层段的气源、疏导体系等成藏基本要素有关。但总体而言，无论是干层还是非储层段，其岩石物理相系数值 PF 均较低，从气层到差气层、干层再到非储层段，其岩石物理相系数值 PF 相应不断减小（图 6.14），岩石物理相组合类型也相应由 PF1 变至 PF4（表 6.5），论证了岩石物理相是控制微观上储层含油气性的最重要因素。

---

① 莫涛. 2013. 克深气田克深 2 井区探明储量报告. 中国石油天然气股份有限公司塔里木油田公司内部研究报告。

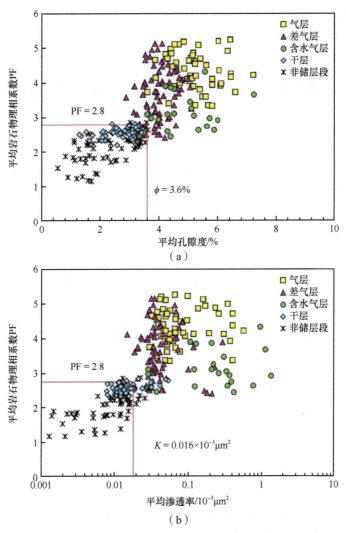

图 6.14　岩石物理相与储层有效性（物性和含气性）对应关系图

第 7 章

基于岩石物理相的优质储层预测

在岩性岩相、成岩相、裂缝相和孔隙结构相地质分类体系及测井识别评价方法建立的基础上，即可综合利用各测井曲线，实现各单井四种相的测井识别与划分。然后分别将不同的岩性岩相、成岩相、裂缝相和孔隙结构相赋予不同的权重值，再在 Forward 测井解释平台上编写处理程序，通过加权平均的方法求取表征储层质量和产能的定量指标（RGP1 和 RGP2）。结合前述岩石物理相与储层有效性关系可得，岩石物理相产能及质量指标值越大（二者平均值越大），储层有效性也越好，因此可通过相对较高岩石物理相系数值的分布来实现有利储集体预测的目标。本章由此首先对克深地区 20 口单井岩石物理相进行定量划分，在此基础上选取四口关键井，对岩石物理相横向剖面组合规律进行深入剖析，最后以小层为单位阐明了岩石物理相平面分布规律，从而通过有利岩石物理相带的分布规律实现了优质储集体纵向、横向及平面上展布规律的预测。

7.1 各单井纵向上岩石物理相分布规律

由前面的研究可知，裂缝相相比较成岩相、孔隙结构相和岩性岩相而言，对储层产能的控制较为显著，而储层质量主要受控于成岩相的分布，有利孔渗性成岩相背景下一般形成较为有利的孔隙结构相类型。因此，岩石物理相产能指标或者质量指标的大小对各单井而言，主要是受其裂缝发育程度（裂缝相）和成岩改造程度（成岩相）控制的。由图 7.1 和图 7.2 可以看出（克深 2 井和克深 207 井），同一种类型岩石物理相具有相同的岩石物理相系数值，而不同的岩石物理相类型其岩石物理相系数值不同。岩石物理相受沉积微相先天条件的约束（岩石物理相系数值高的相带多形成于有利的岩性岩相带，如辫状河三角洲水下分流河道，分流间湾处则对应较低的岩石物理相系数值），同时岩石物理相也受成岩相和裂缝相（尤其是裂缝相）后天因素的改造。最高的储层岩石物理相系数值通常是在有利的岩性岩相带基础上经过有利成岩改造和晚期构造破裂形成的裂缝叠加作用的结果，对应高产优质储层的发育。结合实际试气结论表明，气层均对应于岩石物理相系数值相对较高的层段，反之，岩石物理相系数值较低的层段，试气结论或测井解释结论多为干层或差气层（图 7.1 和图 7.2）。事实上，由上一节论述可知，图中满足岩石物理相系数相对较高的层段（＞2.8），即可解释为该致密砂岩储层中的"甜点"。

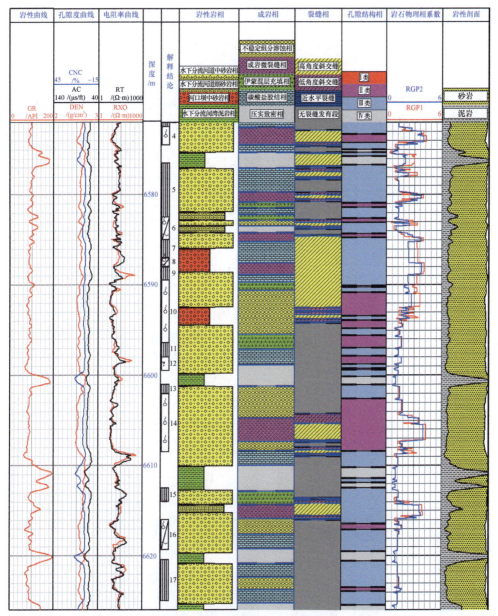

图 7.1　克深 2 井巴什基奇克组储层岩石物理相定量表征

4，10，14 为气层；5，9，11，13 为干层；6，8 为差气层；12 为可疑层

图 7.1 中的克深 2 井 6573～6697m 深度段，经试油气发现（8mm 油嘴，53.2MPa 压差），日产气 459528m³，获得较高的工业气流。该井 6570～6590m 深度段，具有相对较高的岩石物理相系数值，对应储层有效性也较好，说明单井纵向上有利岩石物理相带的分布决定了优质储集体的分布。

图 7.2 中的克深 207 井 6788～6828m 深度段试气结果表明（8.0mm 油嘴、

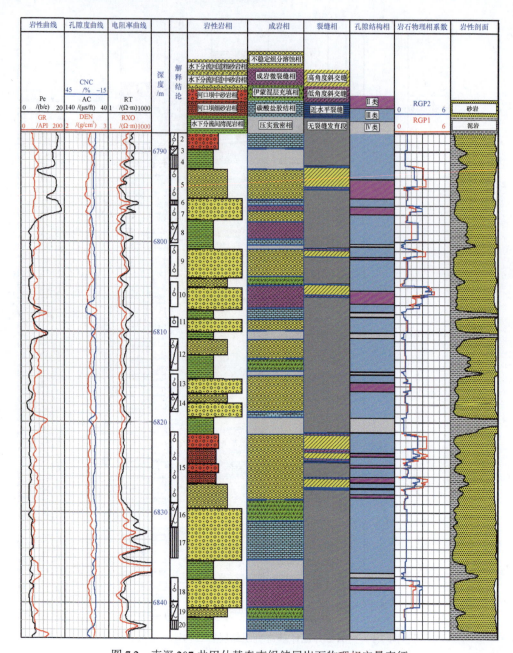

图 7.2　克深 207 井巴什基奇克组储层岩石物理相定量表征

2, 5, 7, 9~11, 13, 15, 18 为气层；3, 8, 12, 14, 16 为差气层；4, 17, 20 为干层

86.54MPa 压差条件），获得了日产 31199m³ 的高产气流。

在对 20 口单井纵向岩石物理相进行定量划分的基础上，经统计，对大多数井而言，其纵向巴二段储层平均岩石物理相系数值要大于巴一段，如克深 201 井、克深 207 井、克深 208 井和克深 8 井等，代表巴二段储集体物性及含油气性要好于巴一段。而克深 202 井的巴一段总体好于巴二段，与该井巴一段较为发育的裂缝有关。巴三段由于埋藏过深，只有部分井钻遇，因此并不具有可比性。

从图 7.1 和图 7.2 中可以看出，成岩相基本受岩性岩相条件的先天控制，有利孔渗性成岩相总是与岩性较纯、岩相较优的岩性岩相带相联系的，而较高级别的裂缝相类型一般也对应先天条件较好的水下分流河道与河口坝沉积微相，水下分流间湾泥岩相一般难以形成有效的宏观裂缝网络。岩性岩相和成岩相的有机叠加与耦合控制了基质孔隙结构相的类型。因此，总的来说，岩性岩相是形成致密砂岩储层"甜点"的基础，而裂缝相和成岩相的改造则是形成"甜点"的关键。裂缝相的改造控制了巴什基奇克组致密砂岩储层普遍致密背景下的裂缝型"甜点"的形成与分布，而岩性岩相和成岩相的综合作用则控制了基质部分孔隙结构相的类型，即孔隙型"甜点"的形成与分布。岩性岩相、成岩相、裂缝相和孔隙结构相最终共同控制着岩石物理相，从而进一步控制了微观尺度的油气聚集与分布规律。

同样地，针对合水地区延长组长 7 段致密油储层，利用已经建立的岩石物理相测井评价模型，在 Forward 平台上编写处理程序，对鄂尔多斯盆地合水地区长 7 致密油储层的庄 52 井和城 96 井等 18 口井（图 7.3）进行了初步处理，在此基础上，研究了岩石物理相与储层品质的关系。有利的岩性岩相带、有利孔渗性成岩相带

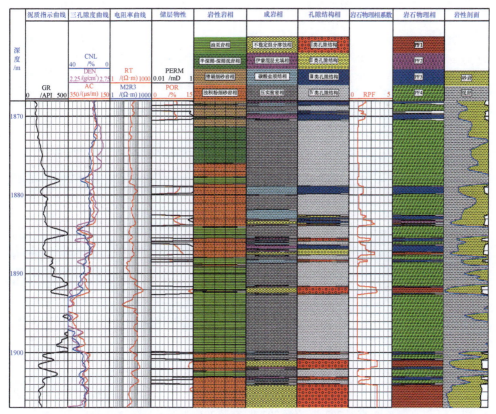

图 7.3　鄂尔多斯盆地合水地区庄 52 井岩石物理相处理成果图

与Ⅰ类和Ⅱ类孔隙结构相的叠加处即为有利岩石物理相带和"甜点"发育带。岩石物理相一方面全面考虑了影响储层物性和孔隙结构非均质性的主要因素，另一方面体现了地质"相"的概念。因此，基于储层岩石物理相分类是进行储层区域评价和预测、储层定量研究乃至有利孔渗发育带预测的较好方法。

7.2 岩石物理相横向剖面对比分析

分别以小层（巴一段和巴二段）为单位对研究区巴什基奇克组储层岩石物理相进行横向剖面对比分析，结果表明研究区巴什基奇克组巴一段储层岩石物理相的级别总体不高，克深8井和克深207井基本以PF3类和PF4类为主，相对较好的PF1类和PF2类较少，主要与储层在地质历史时期经历较强的成岩作用改造有关。相比较而言，克深201井和克深202井的巴什基奇克组储层的岩石物理相发育级别相对较高，具有较多的PF1类和PF2类，且在纵向上常为较差的PF3和PF4所分隔。总

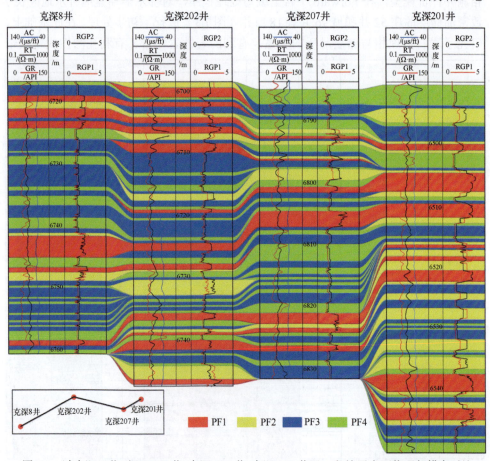

图 7.4　过克深 8 井-克深 202 井-克深 207 井-克深 201 井巴一段储层岩石物理相横向对比

体而言，巴一段储层岩石物理相的横向延展性较差，井间对比性相对一般（图 7.4）。

相比较而言，巴二段储层的岩石物理相级别较高，且井间对比性也相对较好，其中，克深 8 井和克深 201 井巴二段储层纵向上以 PF1 类和 PF2 类为主，指示储层品质较好；克深 207 井以 PF2 类岩石物理相为主，也说明储层品质较好。克深 202 井以 PF3 类和 PF4 类为主，说明该井巴二段储层品质较差（图 7.5）。

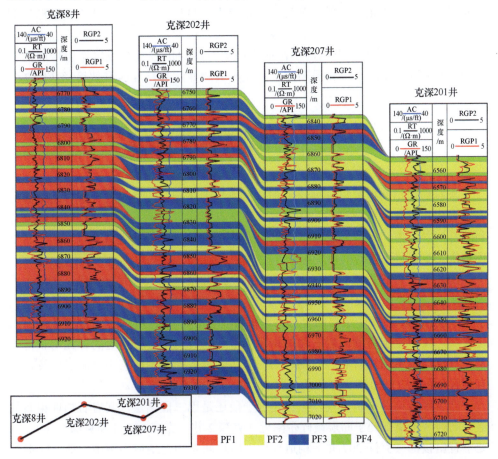

图 7.5　过克深 8 井-克深 202 井-克深 207 井-克深 201 井巴二段储层岩石物理相横向对比

一般而言，沉积相和岩性岩相决定了储层的层间非均质性，而漫长地质历史时期经历的较为复杂的成岩作用和构造作用改造，造就了储层层内的非均质性。从图 7.3 和图 7.4 中可以看出，无论对巴一段还是巴二段储层而言，储层岩石物理相的横向延展性相对一般，PF4 类岩石物理相具有一定的横向延展性，但相对较好的 PF1 类和 PF2 类岩石物理相井间对比性较差，代表储层的层间、层内非均质性相对较强，符合典型致密砂岩储层的特征（图 7.4 和图 7.5）。

对合水地区长 7 段致密油储层岩石物理相进行横向剖面对比分析，结果表明，研究区长 7 段储层岩石物理相的横向延展性较差，井间对比性不好，多数层段至第二口井即尖灭，局部层段能够延续至第三口井，说明储层的非均质性较强，储层沉积相和岩性岩相决定了储层的层间非均质性，而漫长地质历史时期经历的较为复杂的成岩作用和构造作用改造，造就了储层层内的非均质性。而由于同类岩石物理相储层一般具有相似的岩石学、物性、孔隙结构、岩电关系和测井响应特征，因此对储层岩石物理相展开研究，基于储层岩石物理相分类能够较好地评价储层参数及识别油水层等，为油田的增储上产目标提供依据，并将复杂储层非均质、非线性问题转化为均质、线性问题解决，由此提高储层参数解释精度。因此，基于岩石物理相分类是揭示在地质历史时期经历过复杂成岩作用形成的长7段致密油储层成因机理和提高储层物性参数测井解释精度的有效途径（图7.6、图7.7）。

7.3 岩石物理相平面分布规律

岩石物理相的研究以延展原理和叠加原理为基础，即岩石物理相首先是储层岩性岩相、成岩相、裂缝相和孔隙结构相从点到线再到面上的延展，而平面上有利的岩性岩相带、有利的成岩相带和/或有利的裂缝相的叠合处就是有利的岩石物理相带，即有利孔隙结构相发育带。

在各单井岩石物理相定量划分的基础上，分别统计了各井巴一段（包括1小层和2小层）和巴二段（1小层和2小层）的岩石物理相系数平均值，并由此绘制了巴一段和巴二段各个小层的岩石物理相系数的平面展布图（图7.8和图7.9）。结果表明，图中位于有利的岩石物理相发育带（亮黄色部分）附近的各井均获得了工业气流，说明通过有利岩石物理相的展布筛选致密砂岩储层中"甜点"及含气有利区分布的方法是切实可行的（图7.8）。

结合区域构造分析发现，无论是巴一段还是巴二段储层，其岩石物理相系数值较高的区带要么处于断层破碎带附近（克深2井、克深201井和克深8井），或处于背斜核部（克深207井）构造部位，而这两者均是地应力集中、地层变形较强和裂缝较为发育的区域，说明裂缝相对巴什基奇克组储层"甜点"发育的贡献是最显著（图7.9）。事实上，正是裂缝、微裂缝等发育形成的有利岩石物理相带的存在奠定了巴什基奇克组储层整体致密化背景下大型气田形成的基础。受岩性岩相、成岩相带控制的基质孔隙结构相带的匹配与支撑也是该致密砂岩储层获得稳产与高产不可或缺的条件。

以小层为单位，对合水地区长7段（长7_1亚段和长7_2亚段）致密油储层进行剖面展开之后，通过统计其岩石物理相系数（储层产能指标和储层质量指标）的加权平均值，即可对岩石物理相进行平面成图（图7.10～图7.12）。

由图7.10～图7.12可以看出，合水地区长7_1亚段和长7_2亚段储层，其储层

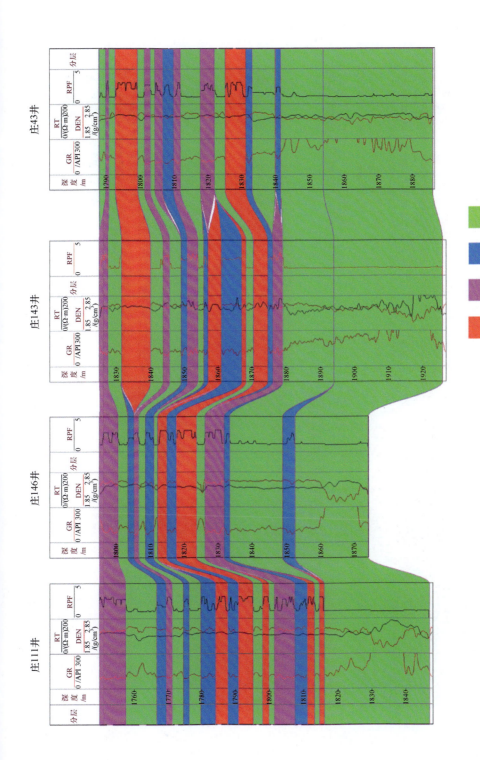

图 7.6　过庄 111 井-庄 146 井-庄 143 井-庄 43 井长 7 段致密油储层岩石物理相横向对比

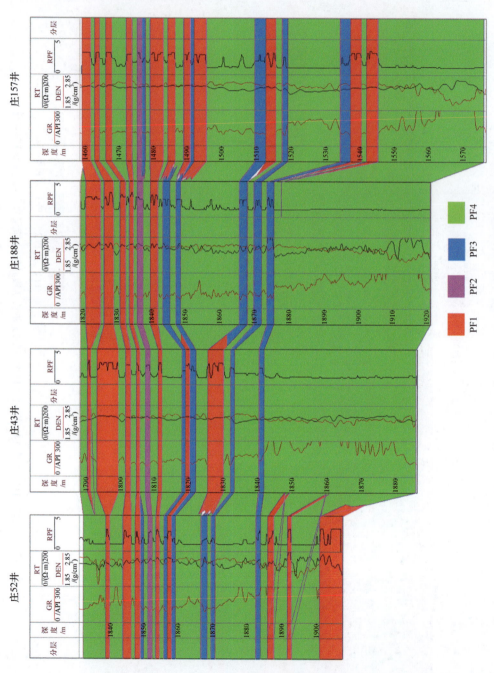

图 7.7　过庄 52 井-庄 43 井-庄 188 井-庄 157 井长 7 段致密油储层岩石物理相横向对比

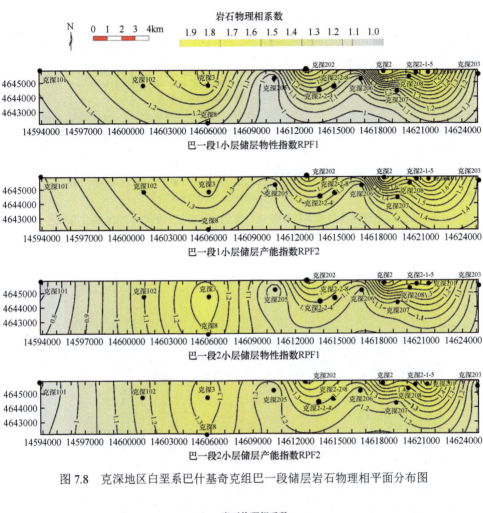

图 7.8 克深地区白垩系巴什基奇克组巴一段储层岩石物理相平面分布图

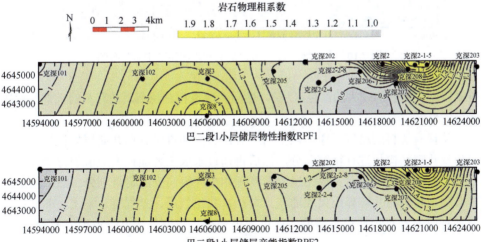

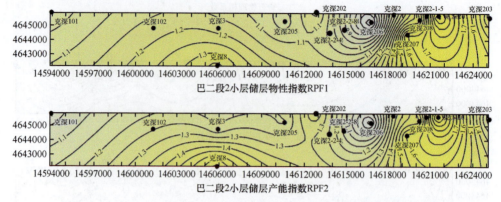

图 7.9 克深地区白垩系巴什基奇克组巴二段储层岩石物理相平面分布图

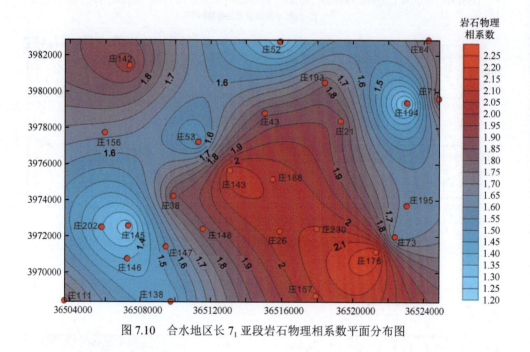

图 7.10 合水地区长 7_1 亚段岩石物理相系数平面分布图

质量较好（RPF 值较大的红色区域），储层产能也相对越高，是有利的天然气优质储层发育区。

从现有资料的精度考虑，以上研究方法首先通过对各单井储层岩性岩相、成岩相及孔隙结构相进行精细劈分，然后再通过求取三者加权平均值的方法计算岩石物理相系数值，从而实现储层岩石物理相单井纵向上的定量划分；然后再通过岩石物理相与测井解释成果表的统计分析，找出气层、差气层、干层、非储层段分别对应的岩石物理相系数值，通过聚类分析，归纳总结出四大类岩石物理相，

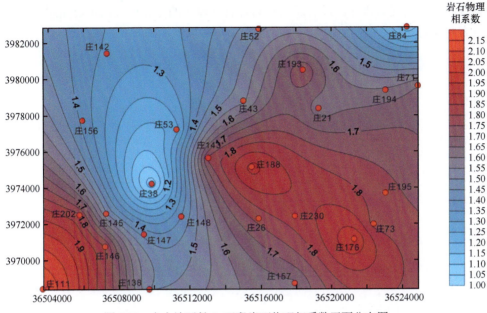

图 7.11 合水地区长 7_2 亚段岩石物理相系数平面分布图

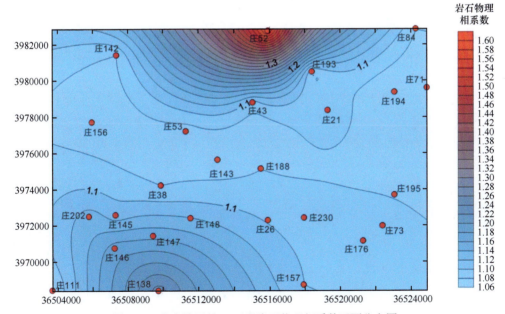

图 7.12 合水地区长 7_3 亚段岩石物理相系数平面分布图

由此对各类岩石物理相进行横向剖面对比分析，建立储层岩石物理相的剖面展布规律；最后以小层为单位，对储层岩石物理相进行平面成图，由此获得储层岩石物理相的平面展布规律，最后通过有利岩石物理相的分布优选出优质储层及含油气有利区的分布。

参考文献

卞从胜, 王红军. 2008. 四川盆地广安气田须家河组裂缝发育特征及其与天然气成藏的关系. 石油实验地质, 30(6): 585-590.

蔡希源. 2010. 深层致密砂岩气藏天然气富集规律与勘探关键技术: 以四川盆地川西坳陷须家河组天然气勘探为例. 石油与天然气地质, 31(6): 707-714.

陈必孝, 张筠. 2022. 声波全波列测井资料分析处理技术及应用. 测井技术, 26(5): 369-373.

陈德坡, 陈钢花, 吴素英. 2010. 深层特低渗透率砂砾岩储层油水层识别方法研究. 测井技术, 34(2): 146-149.

陈飞, 胡光义, 孙立春, 等. 2012. 鄂尔多斯盆地富县地区上三叠统延长组砂质碎屑流沉积特征及其油气勘探意义. 沉积学报, 30(6): 1042-1052.

陈刚, 章辉若, 周立发, 等. 2005. 鄂尔多斯盆地构造与耦合成矿关系思考. 西北大学学报 (自然科学版), 35(6): 783-786.

陈钢花, 吴文圣, 王中文, 等. 1999. 利用地层微电阻率成像测井识别裂缝. 测井技术, 23(4): 279-282.

陈钢花, 张孝珍, 吴素英, 等. 2009. 特低渗砂砾岩储层的测井评价. 石油物探, 48(4): 412-417.

陈洪德, 侯中健, 田景春, 等. 2001. 鄂尔多斯地区晚古生代沉积层序地层学与盆地构造演化研究. 矿物岩石, 21(3): 16-22.

陈欢庆, 曹晨, 梁淑贤, 等. 2013. 储层孔隙结构研究进展. 天然气地球科学, 24(2): 227-237.

陈吉, 肖贤明. 2013. 南方古生界 3 套富有机质页岩矿物组成与脆性分析. 煤炭学报, 38(5): 822-826.

陈瑞银, 罗晓容, 陈占坤, 等. 2006. 鄂尔多斯盆地埋藏演化史恢复. 石油学报, 27(2): 43-47.

陈胜, 章成广, 范姗姗. 2012. 双侧向幅度差异评价裂缝参数在油田中应用. 工程地球物理学报, 9(1): 114-118.

陈彦华, 刘莺. 1994. 成岩相——储集体预测的新途径. 石油实验地质, 3: 274-281.

程会明, 王端平, 夏冰. 2002. 胜坨油田特高含水期储层岩石物理相研究. 石油大学学报 (自然科学版), 26(5): 15-20.

代金友, 张一伟, 王志章, 等. 2003. 彩南油田九井区人工裂缝系统研究. 西南石油学院学报, 25(3): 16-18.

代金友, 张一伟, 熊琦华, 等. 2004. 用模糊聚类方法划分岩石物理相. 石油大学学报 (自然科学版), 28(2): 11-14.

戴厚柱, 杨克敏, 郑宇霞. 1997. 严重非均质油藏岩石物理相研究. 断块油气田, 6(1): 23-25.

戴金星, 倪云燕, 吴小奇. 2012. 中国致密砂岩气及在勘探开发上的重要意义. 石油勘探与开发, 39(3): 257-264.

戴俊生, 汪必峰. 2003. 综合方法识别和预测储层裂缝. 油气地质与采收率, 10(1): 1-4.

邓强. 2014. 深水沉积研究综述及未来方向. 西安科技大学学报, 34(1): 26-33.

邓瑞, 郭海敏, 戴家才, 等. 2007. 裂缝性储层的常规测井识别方法. 勘探地球物理进展, 30(2): 107-112.

邓少贵, 仝兆岐, 范宜仁, 等. 2005. 致密砂岩储集层裂缝的双侧向测井响应快速计算方法. 石油大学学报 (自然科学版), 29(3): 31-34.

邓秀芹, 付金华, 姚泾利, 等. 2011. 鄂尔多斯盆地中及上三叠统延长组沉积相与油气勘探的突破. 古地理学报, 4: 443-455.

丁圣, 钟思瑛, 周亨喜, 等. 2012. 高邮凹陷成岩相约束下的低渗透储层物性参数测井解释模型. 石油学报, 33(6): 1012-1017.

丁晓琪, 张哨楠, 葛鹏莉, 等. 2011. 鄂尔多斯盆地东南部延长组储层成岩体系研究. 沉积学报, 29(1): 97-104.

丁孝忠, 郭宪璞, 彭阳, 等. 2001. 新疆塔里木盆地白垩——第三纪沉积相及储集体分析. 岩石矿物学杂志, 20(2): 146-155.

董晓霞, 梅廉夫, 全永旺. 2007. 致密砂岩气藏的类型和勘探前景. 天然气地球科学, 18(3): 351-355.

窦伟坦, 侯明才, 陈洪德, 等. 2008. 鄂尔多斯盆地三叠系延长组油气成藏条件及主控因素研究. 成都理工大学学报 (自然科学版), 35(6): 686-692.

杜红权, 朱如凯, 何幼斌, 等. 2010. 柴西南地区古——新近系砂岩储层成岩作用及其对储层物性的影响. 中国地质, 37(1): 152-158.

杜金虎, 刘合, 马德胜, 等. 2014. 试论中国陆相致密油有效开发技术. 石油勘探与开发, 41(2): 198-205.

杜业波, 季汉成, 吴因业, 等. 2006. 前陆层序致密储层的单因素成岩相分析. 石油学报, 27(2): 48-52.

段林娣, 张一伟, 张春雷. 2007. 划分岩石物理相的新方法及其应用. 新疆石油地质, 28(2): 219-221.

段新国, 宋荣彩, 李国辉. 2011. 四川盆地须二段综合成岩相特征研究. 西南石油大学学报(自然科学版), 33(1): 7-14.

范晓丽, 苏培东, 闫丰明. 2009. 储层裂缝的研究内容及方法. 断块油气田, 16(6): 40-42.

冯胜斌, 牛小兵, 刘飞, 等. 2013. 鄂尔多斯盆地长 7 段致密油储层储集空间特征及其意义. 中南大学学报 (自然科学版), 44(11): 4574-4580.

冯阵东, 戴俊生, 邓航. 2011. 利用分形几何定量评价克拉 2 气田裂缝. 石油与天然气地质, 32(54): 928-933, 939.

付金华, 罗安湘, 喻建, 等. 2004. 西峰油田成藏地质特征及勘探方向. 石油学报, 25(2): 25-29.

付金华, 高振中, 牛小兵, 等. 2012. 鄂尔多斯盆地环县地区上三叠统延长组长 6_3 砂层组沉积微相特征及新认识. 古地理学报, 14(6): 695-706.

付金华, 李士祥, 刘显阳, 等. 2012. 鄂尔多斯盆地上三叠统延长组长 9 油层组沉积相及其演化. 古地理学报, 14(3): 269-284.

付金华, 邓秀芹, 张晓磊, 等. 2013. 鄂尔多斯盆地三叠系延长组深水砂岩与致密油的关系. 古地理学报, 15(5): 624-634.

付晓飞, 吕延防, 孙永河, 等. 2004. 库车坳陷北带天然气聚集成藏的关键因素. 石油勘探与开发, 31(3): 22-25.

傅爱兵, 吴辉, 李林, 等. 2003. 成像测井技术在裂缝储层评价中的应用. 油气地质与采收率, 10(2): 67-70.

高红灿, 郑荣才, 魏钦廉, 等. 2012. 碎屑流与浊流的流体性质及沉积特征研究进展. 地球科学进展, 27(8): 815-827.

高辉, 孙卫, 宋广寿, 等. 2008. 鄂尔多斯盆地合水地区长 8 储层特低渗透成因分析与评价. 地质科技情报, 27(5): 71-76.

高霞, 谢庆宾. 2007. 储层裂缝识别与评价方法新进展. 地球物理学进展, 22(5): 1460-1465.

龚文平, 肖传桃, 胡明毅, 等. 2006. 藏北安多——巴青地区侏罗纪含礁层系岩相及沉积环境. 地质科学, (3): 479-488.

顾家裕, 方辉, 贾进华, 等. 2001. 塔里木盆地库车坳陷白垩系辫状三角洲砂体成岩作用和储层特征. 沉积学报, 19(4): 517-523.

郭秋麟, 陈宁生, 胡俊文, 等. 2012. 致密砂岩气聚集模型与定量模拟探讨. 天然气地球科学, 23(2): 199-207.

郭卫星, 漆家福, 李明刚, 等. 2010. 库车坳陷克拉苏构造带的反转构造及其形成机制. 石油学报, 31(3): 379-385.

韩登林, 李忠, 韩银学, 等. 2009. 库车坳陷克拉苏构造带白垩系砂岩埋藏成岩环境的封闭性及其胶结作用分异特征. 岩石学报, 25(10): 2351-2362.

韩登林, 李忠, 寿建峰. 2011. 背斜构造不同部位储集层物性差异——以库车坳陷克拉 2 气田为例. 石油勘探与开发, 38(3): 282-286.

韩琳, 潘保芝. 2008. 应用 ECS 测井资料丰富岩性识别图版信息. 吉林大学学报(地球科学版), 38(S): 110-112.

郝明强, 胡永乐, 刘先贵. 2007. 裂缝性低渗透油藏特征综述. 特种油气藏, 14(3): 12-16.

郝明强, 刘先贵, 胡永乐, 等. 2007. 微裂缝性特低渗透油藏储层特征研究. 石油学报, 28(5): 93-98.

何春红, 章成广, 唐军, 等. 2015. 库车坳陷克深地区岩性粒级测井分类及应用效果. 长江大学学报 (自然科学版), 12(2): 43-47.

何雨丹, 魏春光. 2007. 裂缝型油气藏勘探评价面临的挑战及发展方向. 地球物理学进展, 22(2): 537-543.

何周, 史基安, 唐勇. 2011. 准噶尔盆地西北缘二叠系碎屑岩储层成岩相与成岩演化研究. 沉积学报, 29(6): 1069-1077.

何自新, 付金华, 席胜利, 等. 2003. 苏里格大气田成藏地质特征. 石油学报, 24(2): 6-12.

贺艳祥, 张伟, 胡作维, 等. 2010. 鄂尔多斯盆地姬塬地区长 8 油层组砂岩中长石的溶解作用对储层物性的影响. 天然气地球科学, 21(3): 482-488.

贺振华, 胡光岷, 黄德济. 2005. 致密储层裂缝发育带的地震识别及相应策略. 石油地球物理勘探, 40(2): 190-197.

侯平, 宋岩, 方朝亮. 2004. 克拉 2 气田成藏方式初探. 石油勘探与开发, 31(2): 54-55.

胡海燕, 彭仕宓, 卢春慧, 等. 2007. 吉林新立油田下白垩统泉头组成岩储集相及储集空间演化. 古地理学报, 9(1): 97-106.

胡玉双, 乔柱, 乔德武, 等. 2012. 松辽盆地徐家围子断陷登二段致密砂岩之有利储层预测. 矿物岩石地球化学通报, 31(4): 361-368.

胡作维, 李云, 黄思静, 等. 2012. 砂岩储层中原生孔隙的破坏与保存机制研究进展. 地球科学进展, 27(1): 14-25.

黄福喜, 杨涛, 闫伟鹏, 等. 2014. 中国致密油储层储集性能主控因素分析. 成都理工大学学报 (自然科学版), (5): 538-547.

季汉成, 翁庆萍, 杨潇. 2008. 鄂尔多斯盆地东部下二叠统山西组山 2 段成岩相划分及展布. 古地理学报, 4: 409-418.

贾承造, 郑民, 张永峰. 2012. 中国非常规油气资源与勘探开发前景. 石油勘探与开发, 39(2): 129-135.

贾承造, 邹才能, 李建忠, 等. 2012. 中国致密油评价标准、主要类型、基本特征及资源前景. 石油学报, 33(3): 343-350.

贾承造. 2005. 中国中西部前陆冲断带构造特征与天然气富集规律. 石油勘探与开发, 32(4): 9-15.

贾进华. 2000. 库车前陆盆地白垩纪巴什基奇克组沉积层序与储层研究. 地学前缘, 7(1): 133-143.

贾进华, 顾家裕, 郭庆银, 等. 2001. 塔里木盆地克拉 2 气田白垩系储层沉积相. 古地理学报, 8(3): 67-75.

姜福杰, 庞雄奇, 武丽. 2010. 致密砂岩气藏成藏过程中的地质门限及其控气机理. 石油学报, 31(1): 49-54.

姜鹏飞, 孙红, 刘子良, 等. 2007. 扶余油田水淹层岩石物理相电阻率下降解释方法. 西安石油大学学报 (自然科学版), 22(4): 57-59.

姜振学, 林世国, 庞雄奇, 等. 2006. 两种类型致密砂岩气藏对比. 石油实验地质, 28(3): 210-215.

蒋裕强, 董大忠, 漆麟, 等. 2010. 页岩气储层的基本特征及其评价. 天然气工业, 30(10): 7-12.

靳彦欣, 林承焰, 赵丽, 等. 2004. 关于用 FZI 划分流动单元的探讨. 石油勘探与开发, 31(5): 130-132.

景成, 宋子齐, 蒲春生, 等. 2013. 基于岩石物理相分类确定致密气储层渗透率——以苏里格东区致密气储层渗透率研究为例. 地球物理学进展, 28(6): 3222-3230.

鞠玮, 侯贵廷, 冯胜斌, 等. 2014. 鄂尔多斯盆地庆城—合水地区延长组长 6_3 储层构造裂缝定量预测. 地学前缘, 21(6): 310-320.

赖锦, 王贵文, 陈敏, 等. 2013. 基于岩石物理相的储集层孔隙结构分类评价——以鄂尔多斯盆地姬塬地区长 8 油层组为例. 石油勘探与开发, 40(5): 566-573.

赖锦, 王贵文, 王书南, 等. 2013. 川中蓬莱地区须二段和须四段储层孔隙结构特征及影响因素. 中国地质, 40(3): 927-938.

赖锦, 王贵文, 王书南, 等. 2013. 碎屑岩储层成岩相研究现状及进展. 地球科学进展, 28(1): 39-50.

赖锦, 王贵文, 王书南, 等. 2013. 碎屑岩储层成岩相测井识别方法综述及研究进展. 中南大学学报, 44(12): 4942-4953.

赖锦, 王贵文, 郑懿琼. 2013. 川中蓬莱地区须二段储层岩性岩相类型及解释方法. 断块油气田, 20(1): 33-37.

赖锦, 王贵文, 郑懿琼, 等. 2013. 金秋区块须四段储层成岩相及测井识别. 西南石油大学学报(自然科学版), 35(5): 41-49.

赖锦, 王贵文, 柴毓, 等. 2014. 致密砂岩储层孔隙结构成因机理分析及定量评价. 地质学报, 88(11): 2119-2130.

赖锦, 王贵文, 陈阳阳, 等. 2014. 川中蓬莱地区须家河组须二段储层成岩相与优质储集层预测. 吉林大学学报(地球科学版), 44(2): 432-445.

赖锦, 王贵文, 罗官幸, 等. 2014. 基于岩石物理相约束的致密砂岩气储层渗透率解释建模. 地球物理学进展, 29(3): 1173-1182.

赖锦, 王贵文, 吴大成, 等. 2014. 姬塬地区长 8 油层组层序地层格架内成岩相展布特征. 中国地质, 41(5): 1487-1502.

赖锦, 王贵文, 信毅, 等. 2014. 库车坳陷巴什基奇克组致密砂岩气储层成岩相分析. 天然气地球科学, 25(7): 1019-1032.

赖锦, 王贵文, 柴毓, 等. 2015. 库车坳陷白垩系巴什基奇克组成岩层序地层特征. 沉积学报, 33(2): 394-407.

赖锦, 王贵文, 黄龙兴, 等. 2015. 致密砂岩储层成岩相定量划分及其测井识别方法. 矿物岩石地球化学通报, 34(1): 128-138.

赖锦, 王贵文, 孟辰卿, 等. 2015. 致密砂岩气储层孔隙结构特征及其成因机理分析. 地球物理学进展, 30(1): 217-227.

赖锦, 王贵文, 孙思勉, 等. 2015. 致密砂岩储层裂缝测井识别评价方法研究进展. 地球物理学进展, 30(4): 1712-1724.

赖锦, 王贵文, 郑新华, 等. 2015. 大北地区巴什基奇克组致密砂岩气储层定量评价. 中南大学学报 (自然科学版), 46(6): 2285-2298.

赖锦, 王贵文, 郑新华, 等. 2015. 油基泥浆微电阻率扫描成像测井裂缝识别与评价方法. 油气地质与采收率, 22(6): 47-54.

兰叶芳, 邓秀芹, 程党性, 等. 2014. 鄂尔多斯盆地华庆地区长 6 油层组砂岩成岩相及储层质量评价. 岩石矿物学杂志, 33(1): 51-63.

雷刚林, 谢会文, 张敬洲, 等. 2007. 库车坳陷克拉苏构造带构造特征及天然气勘探. 石油与天然气地质, 28(6): 816-821.

李斌, 孟自芳, 宋岩, 等. 2007. 鄂尔多斯盆地西缘前陆盆地构造-沉积响应. 吉林大学学报 (地球科学版), 37(4): 703-709.

李潮流, 李长喜, 侯雨庭, 等. 2015. 鄂尔多斯盆地延长组长 7 段段致密储集层测井评价. 石油勘探与开发, 42(5): 1-7.

李道燧, 张宗林, 徐晓蓉. 1994. 鄂尔多斯盆地中部古地貌与构造对气藏的控制作用. 石油勘探与开发, 21(3): 9-14.

李凤杰, 杨承锦, 代廷勇, 等. 2014. 鄂尔多斯盆地华池地区长 6 油层组重力流特征及控制因素. 岩性油气藏, 26(1): 18-24.

李海燕, 岳大力, 张秀娟, 等. 2012. 苏里格气田低渗透储层微观孔隙结构特征及其分类评价方法. 地学前缘, 19(2): 133-140.

李洪娟, 覃豪, 杨学峰. 2011. 基于岩石物理相的酸性火山岩储层渗透率计算方法. 大庆石油学院学报, 35(4): 38-41.

李佳阳, 夏宁, 秦启荣. 2007. 成像测井评价致密碎屑岩储层的裂缝与含气性. 测井技术, 31(1): 17-20.

李建良, 徐炳高, 张筠. 2006. 裂缝信息的测井识别与高分辨率地震反演. 测井技术, 30(3): 213-216.

李建忠, 郭彬程, 郑民, 等. 2012. 中国致密砂岩气主要类型、地质特征与资源潜力. 天然气地球科学, 23(4): 607-615.

李军, 张超谟, 肖承文, 等. 2008. 库车地区砂岩裂缝测井定量评价方法及应用. 天然气工业, 28(10): 25-28.

李军, 张超谟, 李进福, 等. 2011. 库车前陆盆地构造压实作用及其对储集层的影响. 石油勘探与开发, 38(1): 47-51.

李林, 曲永强, 孟庆任, 等. 2011. 重力流沉积: 理论研究与野外识别. 沉积学报, 29(4): 677-688.

李杪, 罗静兰, 刘新社, 等. 2013. 孔隙结构对低渗—特低渗砂岩储层渗流特征的影响——以鄂尔多斯盆地东部上古生界盒 8 段储层为例. 地质科学, 48(4): 1148-1163.

李庆辉, 陈勉, 金衍, 等. 2012. 工程因素对页岩气产量的影响. 天然气工业, 32(4): 43-46.

李薇, 刘洛夫, 王艳茹, 等. 2012. 应用测井数据计算泥页岩厚度——以鄂尔多斯盆地延长组长 7_3 油层为例. 中国石油勘探, 17(5): 32-35, 70.

李渭, 白蕾, 李文厚. 2012. 鄂尔多斯盆地合水地区长 6 储层成岩作用与有利成岩相带. 地质科技情报, 31(4): 22-28.

李文厚, 邵磊, 魏红红, 等. 2001. 西北地区湖相浊流沉积. 西北大学学报 (自然科学版), 31(1): 57-62.

李熙喆, 张满郎, 谢武仁, 等. 2007. 鄂尔多斯盆地上古生界层序格架内的成岩作用. 沉积学报, 25(6): 923-933.

李相博, 刘化清, 陈启林, 等. 2010. 大型坳陷湖盆沉积坡折带特征及其对砂体与油气的控制作用——以鄂尔多斯盆地三叠系延长组为例. 沉积学报, 28(4): 717-729.

李相博, 刘化清, 完颜容, 等. 2009. 鄂尔多斯盆地三叠系延长组砂质碎屑流储集体的首次发现. 岩性油气藏, 21(4): 19-21.

李相博, 卫平生, 刘化清, 等. 2013. 浅谈沉积物重力流分类与深水沉积模式. 地质论评, 59(4): 607-614.

李易隆, 贾爱林, 何东博. 2013. 致密砂岩有效储层形成的控制因素. 石油学报, 34(1): 71-82.

李毓. 2009. 储层裂缝的测井识别及其地质建模研究. 测井技术, 33(6): 575-578.

李云, 郑荣才, 朱国金, 等. 2011. 沉积物重力流研究进展综述. 地球科学进展, 26(2): 157-165.

李忠, 韩登林, 寿建峰. 2006. 沉积盆地成岩作用系统及其时空属性. 岩石学报, 22(8): 2151-2164.

连承波, 钟建华, 杨玉芳, 等. 2010. 松辽盆地龙西地区泉四段低孔低渗砂岩储层物性及微观孔隙结构特征研究. 地质科学, 45(4): 1170-1179.

廖纪佳, 朱筱敏, 邓秀芹, 等. 2013. 鄂尔多斯盆地陇东地区延长组重力流沉积特征及其模式. 地学前缘, 20(2): 29-39.

林春明, 张霞, 周健, 等. 2011. 鄂尔多斯盆地大牛地气田下石盒子组储层成岩作用特征. 地球科学进展, 26(2): 212-223.

林森虎, 邹才能, 袁选俊, 等. 2011. 美国致密油开发现状及启示. 岩性油气藏, 23(4): 25-30, 64.

刘春, 张惠良, 韩波, 等. 2009. 库车坳陷大北地区深部碎屑岩储层特征及控制因素. 天然气地球科学, 20(4): 504-512.

刘吉余. 2000. 流动单元研究进展. 地球科学进展, 15(3): 303-306.

刘建清, 赖兴运, 于炳松. 2004. 库车坳陷白垩系储层的形成环境及成因分析. 现代地质, 18(2): 249-255.

刘景武. 2005. 硬地层中用多极子阵列声波资料计算力学参数及识别裂缝. 测井技术, 29(2): 137-141.

刘清俊, 于炳松, 周芳芳, 等. 2011. 阿克库勒凸起东河砂岩成岩作用与成岩相. 西南石油大学学报 (自然科学版), 33(5): 54-62.

刘向君, 周改英, 陈杰, 等. 2007. 基于岩石电阻率参数研究致密砂岩孔隙结构. 天然气工业, 27(1): 41-45.

刘新, 张玉纬, 张威, 等. 2013. 全球致密油的概念、特征、分布及潜力预测. 大庆石油地质与开发, 32(4): 168-174.

刘绪纲, 孙建孟, 郭云峰. 2005. 元素俘获谱测井在储层综合评价中的应用. 测井技术, 29(3): 236-240.

刘正华, 杨香华, 汪贵峰, 等. 2007. 歧南凹陷沙河街组重力流水道砂体成岩作用和孔隙演化模式. 沉积学报, 25(2): 183-191.

刘志宏, 卢华复, 李西建, 等. 2000. 库车再生前陆盆地的构造演化. 地质科学, 35(4): 482-492.

刘志宏, 卢华复, 贾承造, 等. 2001. 库车再生前陆盆地的构造与油气. 石油与天然气地质, 22(4): 297-304.

柳建华, 刘瑞林, 吴兴能, 等. 2007. 化学元素测井资料在地层界面处的响应特征研究. 石油天然气学报, 29(1): 84-88.

卢进才, 李玉宏, 魏仙样, 等. 2006. 鄂尔多斯盆地三叠系延长组长7油层组油页岩沉积环境与资源潜力研究. 吉林大学学报 (地球科学版), 36(6): 928-932.

卢毓周, 魏斌, 李彬. 2004. 常规测井资料识别裂缝性储层流体类型方法研究. 地球物理学进展, 19(1): 173-178.

罗宁, 唐雪萍, 刘恒, 等. 2009. 元素俘获谱测井在储层评价中的应用. 天然气工业, 29(6): 43-48.

罗文军, 彭军, 杜敬安, 等. 2012. 川西坳陷须家河组二段致密砂岩储层成岩作用与孔隙演化——以大邑巴地区为例. 石油与天然气地质, 33(2): 287-296.

吕晓光, 闫伟林, 杨根锁. 1997. 储层岩石物理相划分方法及应用. 大庆石油地质与开发, 16(3): 19-21.

马建海, 杨雷, 杨品, 等. 2007. 元素俘获测井 (ECS) 在尕斯库勒油藏描述中的应用. 测井技术, 31(6): 596-599.

马新仿, 张士诚, 郎兆新, 等. 2005. 孔隙结构特征参数的分形表征. 油气地质与采收率, 12(6): 34-37.

马旭鹏. 2010. 储层物性参数与其微观孔隙结构的内在联系. 勘探地球物理进展, 33(3): 216-220.

马玉杰, 谢会文, 蔡振忠, 等. 2003. 库车坳陷迪那2气田地质特征. 天然气地球科学, 14(5): 371-374.

孟元林, 高建军, 刘德来, 等. 2006. 渤海湾盆地西部凹陷南段成岩相分析与优质储层预测. 沉积学报, 24(2): 185-189.

孟元林, 李娜, 黄文彪, 等. 2008. 辽河坳陷西部斜坡带南段新生界成岩相分析与优质储集层预测. 古地理学报, 10(1): 33-40.

闵琪, 杨华, 付金华, 等. 2000. 鄂尔多斯盆地的深盆气. 天然气工业, 20(6): 11-15.

庞雄奇, 李丕龙, 张善文, 等. 2007. 陆相断陷盆地相-势耦合控藏作用及其基本模式. 石油与天然气地质, 28(5): 641-651.

庞雄奇, 李丕龙, 陈冬霞, 等. 2011. 陆相断陷盆地相控油气特征及其基本模式. 古地理学报, 13(2): 55-73.

庞振宇, 孙卫, 李进步, 等. 2013. 低渗透致密气藏微观孔隙结构及渗流特征研究: 以苏里格气田苏48和苏120区块储层为例. 地质科技情报, 32(4): 133-138.

彭守涛, 宋海明. 2006. 库车坳陷北部白垩系沉积速率分析. 沉积学报, 24(5): 641-649.

蒲秀刚, 周立宏, 韩文中, 等. 2014. 歧口凹陷沙一下亚段斜坡区重力流沉积与致密油勘探. 石油勘探与开发, 41(2): 138-149.

齐宝权, 杨小兵, 张树东, 等. 2011. 应用测井资料评价四川盆地南部页岩气储层. 天然气工业, 31(4): 44-47.

齐永安, 张洲, 周敏, 等. 2009. 豫西济源中三叠世油房庄组曲流河岩相类型及沉积相分析. 沉积学报, 27(2): 254-263.

邱颖, 孟庆武, 李梯, 等. 2001. 神经网络用于岩性及岩相预测的可行性分析. 地球物理学进展, 16(3): 76-84.

饶华, 李建民, 孙夕平. 2009. 利用分形理论预测潜山储层裂缝的分布. 石油地球物理勘探, 44(1): 98-103, 118.

任小军, 于兴河, 李胜利, 等. 2008. 准噶尔盆地石南地区 $J_1s_1^2$ 砂组沉积相带展布及岩性圈闭识别. 天然气地球科学, 19(6): 805-809.

任战利, 李文厚, 梁宇, 等. 2014. 鄂尔多斯盆地东南部延长组致密油成藏条件及主控因素. 石油与天然气地质, 35(2): 190-199.

撒利明, 王天琦, 师永民, 等. 2002. 油田开发中后期岩相单元的细分研究. 沉积学报, 20(4): 595-598.

申本科, 胡永乐, 田昌炳, 等. 2005. 陆相砂砾岩油藏裂缝发育特征分析——以克拉玛依油田八区乌尔禾组油藏为例. 石油勘探与开发, 32(3): 41-44.

沈扬, 马玉杰, 赵力彬, 等. 2009. 库车坳陷东部古近系—白垩系储层控制因素及有利勘探区. 石油与天然气地质, 30(2): 136-142.

师调调, 孙卫, 张创, 等. 2012. 鄂尔多斯盆地华庆地区延长组长 6 储层成岩相及微观孔隙结构. 现代地质, 26(4): 769-777.

施立志, 林铁锋, 王震亮, 等. 2006. 库车坳陷下白垩统天然气运聚系统与油气运移研究. 天然气地球科学, 17(1): 78-83.

石玉江, 张海涛, 侯雨庭, 等. 2005. 基于岩石物理相分类的测井储层参数精细解释建模. 测井技术, 29(4): 329-332.

石玉江, 肖亮, 毛志强, 等. 2011. 低渗透砂岩储层成岩相测井识别方法及其地质意义——以鄂尔多斯盆地姬塬地区长 8 油层组储层为例. 石油学报, 32(5): 820-827.

石玉江, 时卓, 张海涛, 等. 2012. 苏里格气田致密气层测井精细建模方法. 西南石油大学学报: 自然科学版, 34(5): 71-77.

史晓丽, 万祥, 陈定坤. 2009. 声波测井识别致密砂岩裂缝储层的应用. 国外测井技术, 172(4): 13-15.

寿建峰, 朱国华, 张惠良, 等. 2003. 构造侧向挤压与砂岩成岩压实作用——以塔里木盆地为例. 沉积学报, 21(1): 90-95.

司马立强, 姚军朋, 黄丹, 等. 2011. 合川气田须家河组低孔隙度低渗透率砂岩储层有效性测井评价. 测井技术, 35(3): 254-259.

宋岩, 夏新宇, 秦胜飞. 2002. 中西部前陆盆地天然气勘探前景. 矿物岩石地球化学通报, 21(1): 26-29.

宋岩, 赵孟军, 柳少波, 等. 2005. 中国 3 类前陆盆地油气成藏特征. 石油勘探与开发, 32(3): 1-6.

宋子齐, 唐长久, 刘晓娟, 等. 2008. 利用岩石物理相"甜点"筛选特低渗透储层含油有利区. 石油学报, 29(5): 711-716.

宋子齐, 杨红刚, 孙颖, 等. 2010. 利用岩石物理相分类研究特低渗透储层参数建模. 断块油气田, 17(11): 672-676.

宋子齐, 成志刚, 孙迪, 等. 2013. 利用岩石物理相流动单元"甜点"筛选致密储层含气有利区: 以苏里格气田东区为例. 天然气工业, 33(1): 41-48.

孙海涛, 钟大康, 刘洛夫, 等. 2010. 沾化凹陷沙河街组砂岩透镜体表面与内部碳酸盐胶结作用的差异及其成因. 石油学报, 31(2): 246-252.

孙建孟, 李召成, 关雎. 1999. 用测井确定储层敏感性. 石油学报, 20(4): 34-39.

孙玉善, 申银民, 徐迅, 等. 2002. 应用成岩岩相分析法评价和预测非均质性储层及其含油性——以塔里木盆地哈得逊地区为例. 沉积学报, 20(1): 55-60.

谭成仟, 段爱英, 宋革生. 2001a. 基于岩石物理相的储层渗透率解释模型研究. 测井技术, 25(4): 287-290.

谭成仟, 宋子齐, 吴少波. 2001b. 克拉玛依油田八区克上组砾岩油藏岩石物理相研究. 石油勘探与开发, 28(5): 83-84.

谭成仟, 王敏杰, 段爱英, 等. 2002. 孤岛油田渤 21 断块砂岩油藏岩石物理相与剩余油分布规律研究. 测井技术, 26(2): 127-130.

汤良杰, 金之钧, 贾承造, 等. 2004. 库车前陆褶皱—冲断带前缘大型盐推覆构造. 地质学报, 78(1): 17-27.

田建锋, 高永利, 张蓬勃, 等. 2013. 鄂尔多斯盆地合水地区 7 致密油储层伊利石成因. 石油与天然气地质, 34(5): 700-707.

童亨茂. 2006. 成像测井资料在构造裂缝预测和评价中的应用. 天然气工业, 26(9): 58-62.

王波, 张荣虎, 任康绪, 等. 2011. 库车坳陷大北-克拉苏深层构造带有效储层埋深下限预测. 石油学报, 32(2): 212-218.

王传刚, 高莉, 许化政, 等. 2011. 深盆气形成机理与成藏阶段划分: 以鄂尔多斯盆地为例. 天然气地球科学, 22(1): 15-22.

王多云, 郑希民, 李凤杰. 2003. 含油气区岩相古地理学的几个问题. 沉积学报, 21(1): 133-135.

王峰, 王多云, 高明书, 等. 2005. 陕甘宁盆地姬塬地区三叠系延长组三角洲前缘的微相组合及特征. 沉积学报, 23(2): 218-224.

王贵文, 郭荣坤. 2000. 测井地质学. 北京: 石油工业出版社.

王桂成, 宋子齐, 王瑞飞, 等. 2010. 基于岩石物理相分类确定特低渗透油层有效厚度——以安塞油田沿河湾地区长 6 特低渗透储层评价为例. 地质学报, 84(2): 286-291.

王国光, 王艳忠, 操应长, 等. 2006. 临邑洼陷南斜坡沙河街组三角洲沉积微相粒度概率累积曲线组合特征. 油气地质与采收率, 13(6): 30-33.

王家豪, 王华, 陈红汉, 等. 2005. 库车前陆盆地前渊带层序地层分析——以白垩系卡普沙良群为例. 地质科技情报, 24(1): 25-29.

王家豪, 王华, 陈红汉, 等. 2006. 一幕完整的前陆盆地构造演化的地层记录: 库车坳陷下白垩统. 地质科技情报, 25(6): 31-36 .

王家豪, 王华, 陈红汉, 等. 2007. 前陆盆地的构造演化及其沉积、地层响应——以库车坳陷下白垩统为例. 地学前缘, 14(2): 114-122.

王家豪, 王华, 云露, 等. 2010. 库车前陆盆地早白垩世岩石圈黏弹性变形的地层记录. 沉积学报, 28(3): 412-418.

王金鹏, 彭仕宓, 赵艳杰, 等. 2008. 鄂尔多斯盆地合水地区长 6-8 段储层成岩作用及孔隙演化. 石油天然气学报, 30(2): 170-174.

王俊玲, 任纪舜. 2001. 嫩江现代河流沉积体岩相及内部构形要素分析. 地质科学, 36(4): 385-394.

王鹏, 李瑞, 刘叶. 2012. 川西坳陷陆相天然气勘探新思考. 石油实验地质, 34(4): 406-411.

王琪, 禚喜准, 陈国俊, 等. 2005. 鄂尔多斯盆地盐池-姬塬地区三叠系长 4+5 砂岩成岩演化特征与优质储层分布. 沉积学报, 23(3): 397-405.

王起琮, 王刚, 施玉娇. 2010. 碎屑岩流动单元成因类型与岩石物理特征. 西北大学学报 (自然科学版), 40(5): 847-854.

王谦, 刘四新. 2004. 辽河油田陆家堡凹陷储集层综合测井解释方法. 测井技术, 28(2): 133, 134.

王瑞飞, 孙卫. 2009. 储层沉积—成岩过程中物性演化的主控因素. 矿物学报, 29(3): 399-404.

王瑞飞, 陈明强, 孙卫. 2008. 鄂尔多斯盆地延长组超低渗透砂岩储层微观孔隙结构特征研究. 地质论评, 54(2): 270-278.

王瑞飞, 沈平平, 宋子齐, 等. 2009. 特低渗透砂岩油藏储层微观孔喉特征. 石油学报, 30(4): 560-564.

王瑞飞, 吕新华, 国殿斌. 2012. 深层高压低渗砂岩储层微观孔喉特征参数研究. 中国矿业大学学报, 41(1): 64-69.

王伟东, 彭军, 段冠一, 等. 2012. 致密砂岩气藏储层研究的进展及趋势. 油气地球物理, 10(4): 33-38.

王香增, 万永平. 2008. 油气储层裂缝定量描述及其地质意义. 地质通报, 27(11): 1939-1942.

王勇, 鲍志东, 张春雷, 等. 2008. 西部凹陷北部沙河街组成岩作用及成岩相研究. 西南石油大学学报 (自然科学版), 30(5): 64-69.

王震亮. 2013. 致密岩油的研究进展、存在问题和发展趋势. 石油实验地质, (6): 587-595.

吴琼, 林冬萍, 于春燕, 等. 2007. 新立油田低渗透油层裂缝测井识别方法. 大庆石油地质与开发, 26(2): 112-115.

吴胜和. 2010. 储层表征与建模. 北京: 石油工业出版社.

鲜本忠, 万锦峰, 姜在兴, 等. 2012. 断陷湖盆洼陷带重力流沉积特征与模式: 以南堡凹陷东部东营组为例. 地学前缘, 19(1): 121-135.

肖建新, 林畅松, 刘景颜. 2002. 塔里木盆地北部库车坳陷白垩系层序地层与体系域特征. 地球学报, 23(5): 453-458.

肖建新, 林畅松, 刘景彦. 2005. 塔里木盆地北部库车坳陷白垩系沉积古地理. 现代地质, 19(2): 253-260.

肖建新, 林畅松, 刘景彦. 2008. 乌什凹陷及东部邻区白垩系层序划分与沉积古地理. 地学前缘, 15(2): 8-19.

肖秋生, 朱巨义. 2009. 岩样核磁共振分析方法及其在油田勘探中的应用. 石油实验地质, 31(1): 97-99.

解习农, 成建梅, 孟元林. 2009. 沉积盆地流体活动及其成岩响应. 沉积学报, 27(5): 863-871.

谢宗奎. 2009. 柴达木台南地区第四系细粒沉积岩相与沉积模式研究. 地学前缘, 16(5): 245-250.

熊琦华, 彭仕宓, 黄述旺, 等. 1994. 岩石物理相研究方法初探——以辽河凹陷冷东-雷家地区为例. 石油学报, (S1): 68-73.

熊琦华, 王志章, 吴胜和, 等. 2010. 现代油藏地质学理论技术篇. 北京: 石油工业出版社.

徐炳高, 李阳兵, 葛祥, 等. 2010. 川西须家河组致密碎屑岩裂缝分布规律与影响因素分析. 测井技术, 34(5): 437-441.

徐国强, 刘树根, 李国蓉, 等. 2005. 塔中、塔北古隆起形成演化及油气地质条件对比. 石油与天然气地质, 26(1): 114-119, 129.

徐建山. 1990. 北京: 八十年代是由科技进步和九十年代发展展望. 北京: 中国石油天然气总公司情报研究所.

徐论勋, 王宏伟, 林克相, 等. 2005. 库车坳陷克依构造带巴什基奇克组储层特征. 西南石油学院学报, 27(6): 15-20.

徐言岗, 徐宏节, 虞显和. 2004. 川西坳陷中深层裂缝的识别与预测. 天然气工业, 24(3): 9-13.

许丽丽, 国景星, 张健, 等. 2010. 饶阳凹陷古近系成岩作用特征. 沉积与特提斯地质, 30(2): 26-31.

许同海. 2005. 致密储层裂缝识别的测井方法及研究进展. 油气地质与采收率, 12(3): 75-78.

阳文生, 赵力民, 侯守探, 等. 2000. 精细储层描述在荆丘油田调整挖潜中的初步实践. 石油实验地质, 22(4): 377.

杨帆, 贾进华. 2006. 塔里木盆地乌什凹陷白垩系冲积扇—扇三角洲沉积相及有利储盖组合. 沉积学报, 24(5): 681-689.

杨广林. 2009. 东濮凹陷三叠系砂岩裂缝形成机理及控制因素. 断块油气田, 16(4): 22-24.

杨华, 邓秀芹. 2013. 构造事件对鄂尔多斯盆地延长组深水砂岩沉积的影响. 石油勘探与开发, 40(5): 513-520.

杨华, 窦伟坦, 喻建, 等. 2003. 鄂尔多斯盆地低渗透油藏勘探新技术. 中国石油勘探, 8(1): 32-39.

杨华, 窦伟坦, 刘显阳, 等. 2010. 鄂尔多斯盆地三叠系延长组长7沉积相分析. 沉积学报, 28(2): 254-263.

杨华, 李士祥, 刘显阳. 2013. 鄂尔多斯盆地致密油、页岩油特征及资源潜力. 石油学报, 34(1): 2-11.

杨明慧, 金之钧, 吕修祥, 等. 2004. 库车褶皱冲断带克拉苏三角带的位移转换构造. 地球科学: 中国地质大学学报, 29(2): 191-197.

杨宁, 王贵文, 赖锦, 等. 2013. 岩石物理相的控制因素及其定量表征方法研究. 地质论评, 59(3): 563-574.

杨升宇, 张金川, 黄卫东, 等. 2013. 吐哈盆地柯柯亚地区致密砂岩气储层"甜点"类型及成因. 石油学报, 34(2): 272-282.

杨树峰, 贾承造, 陈汉林, 等. 2002. 特提斯构造带的演化和北缘盆地群形成及塔里木天然气勘探远景. 科学通报, 47(S): 36-43.

杨涛, 张国生, 梁坤, 等. 2012. 全球致密气勘探开发进展及中国发展趋势预测. 中国工程科学, 14(6): 64-69.

杨晓萍, 裘怿楠. 2002. 鄂尔多斯盆地上三叠统延长组浊沸石的形成机理、分布规律与油气关系. 沉积学报, 4: 628-632.

姚光庆, 赵彦超, 张森龙. 1995. 新民油田低渗细粒储集砂岩岩石物理相研究. 地球科学, 20(3): 355-360.

姚泾利, 邓秀芹, 赵彦德, 等. 2013. 鄂尔多斯盆地延长组致密油特征. 石油勘探与开发, 40(2): 150-158.

应凤祥, 罗平, 何东博, 等. 2004. 中国含油气盆地碎屑岩储集层成岩作用与成岩数值模拟. 北京: 石油工业出版社.

尤源, 牛小兵, 辛红刚, 等. 2013. 国外致密油储层微观孔隙结构研究及其对鄂尔多斯盆地的启示. 石油科技论坛, 1: 12-18.

于波, 崔智林, 刘学刚, 等. 2008. 西峰油田长8储层砂岩成岩作用及对孔隙影响. 吉林大学学报: 地球科学版, 38(3): 405-411.

于兴河. 2002. 碎屑岩系油气储层沉积学. 北京: 石油工业出版社.

袁彩萍, 姚光庆, 徐思煌, 等. 2006. 油气储层流动单元研究综述. 地质科技情报, 25(4): 21-26.

袁静, 杜玉民, 李云南. 2003. 惠民凹陷古近系碎屑岩主要沉积环境粒度概率累积曲线特征. 石油勘探与开发, 30(3): 103-106.

袁文芳, 陈世悦, 曾昌民, 等. 2005. 柴达木盆地西部地区第三系碎屑岩粒度概率累积曲线特征. 石油大学学报 (自然科学版), 29(5): 12-18.

岳大力, 吴胜和, 林承焰. 2008. 碎屑岩储层流动单元研究进展. 中国科技论文在线, 3(11): 810-817.

曾大乾, 张世民, 卢立泽. 2003. 低渗透致密砂岩气藏裂缝类型及特征. 石油学报, 24(4): 36-39.

曾联波. 2004. 低渗透砂岩油气储层裂缝及其渗流特征. 地质科学, 39(1): 11-17.

曾联波, 周天伟. 2004. 塔里木盆地库车坳陷储层裂缝分布规律. 天然气工业, 24(9): 23-25.

曾联波, 李跃纲, 王正国, 等. 2007. 邛西构造须二段特低渗透砂岩储层微观裂缝的分布特征. 天然气工业, 27(6): 45-49.

曾联波, 李跃纲, 张贵斌, 等. 2007. 川西南部上三叠统须二段低渗透砂岩储层裂缝分布的控制因素. 中国地质, 34(4): 622-627.

曾联波, 李忠兴, 史成恩, 等. 2007. 鄂尔多斯盆地上三叠统延长组特低渗透砂岩储层裂缝特征及成因. 地质学报, 81(2): 174-180.

曾联波, 康永尚, 肖淑容. 2008. 吐哈盆地北部凹陷低渗透砂岩储层裂缝发育特征及成因. 西安石油大学学报 (自然科学版), 23(1): 22-26.

曾联波, 赵继勇, 朱圣举, 等. 2008. 岩层非均质性对裂缝发育的影响研究. 自然科学进展, 18(2): 216-220.

曾联波, 王正国, 肖淑容, 等. 2009. 中国西部盆地挤压逆冲构造带低角度裂缝的成因及意义. 石油学报, 30(1): 56-60.

张才利, 张雷, 陈调胜, 等. 2013. 鄂尔多斯盆地延长组长 7 段沉积期物源分析及母岩类型研究. 沉积学报, 31(3): 430-439.

张创. 2012. 低渗砂岩储层孔喉的分布特征及其差异性成因. 地质学报, 86(2): 335-348.

张春露. 2009. 徐深气田火山岩储层岩石物理相分类及其应用. 大庆石油学院学报, 33(3): 18.

张福顺, 朱允辉, 王芙蓉. 2008. 准噶尔盆地腹部深埋储层次生孔隙成因机理研究. 沉积学报, 26(3): 469-478.

张海涛, 时卓, 石玉江, 等. 2012. 低渗透致密砂岩储层成岩相类型及测井识别方法——以鄂尔多斯盆地苏里格气田下石盒子组 8 段为例. 石油与天然气地质, 33(2): 256-264.

张惠良, 张荣虎, 杨海军, 等. 2012. 构造裂缝发育型砂岩储层定量评价方法及应用——以库车前陆盆地白垩系为例. 岩石学报, 28(3): 827-835.

张龙海, 刘忠华, 周灿灿, 等. 2008. 低孔低渗储集层岩石物理分类方法的讨论. 石油勘探与开发, 35(6): 763-768.

张荣虎, 张惠良, 寿建峰, 等. 2008. 库车坳陷大北地区下白垩统巴什基奇克组储层成因地质分析. 地质科学, 43(3): 507-517.

张荣虎, 贾承造, 张惠良, 等. 2009. 塔里木盆地白垩系巴什基奇克组陆相砂岩中碳酸盐岩碎屑特征及其地质意义. 沉积学报, 27(3): 410-418.

张荣虎, 姚根顺, 寿建峰, 等. 2011. 沉积、成岩、构造一体化孔隙度预测模型. 石油勘探与开发, 38(2): 145-151.

张哨楠. 2008. 致密天然气砂岩储层: 成因和讨论. 石油与天然气地质, 29(1): 1-11.

张哨楠, 丁晓琪. 2010. 鄂尔多斯盆地南部延长组致密砂岩储层特征及其成因. 成都理工大学学报 (自然科学版), 37(4): 386-394.

张哨楠, 刘家铎, 田景春, 等. 2004. 塔里木盆地东河塘组砂岩储层发育的影响因素. 成都理工大学学报 (自然科学版), 31(6): 658-662.

张响响, 邹才能, 陶士振, 等. 2010. 四川盆地广安地区上三叠统须家河组四段低孔渗砂岩成岩相类型划分及半定量评价. 沉积学报, 28(1): 50-57.

张响响, 邹才能, 朱如凯, 等. 2011. 川中地区上三叠统须家河组储层成岩相. 石油学报, 32(2): 257-264.

张永辰. 2014. 克深地区白垩系储层岩性和裂缝与储层有效性关系研究. 北京: 中国石油大学 (北京).

张筠, 朱小红, 李阳兵, 等. 2010. 川西深层致密碎屑岩储层测井评价. 天然气工业, 30(1): 31-36.

张一伟, 熊琦华, 王志章, 等. 1994. 枣园油田油藏精细描述技术与方法. 石油学报, 15(S1): 10-18.

张志强, 郑军卫. 2009. 低渗透油气资源勘探开发技术进展. 地球科学进展, 24(8): 854-864.

赵澄林, 朱筱敏. 2001. 沉积岩石学. 第三版. 北京: 石油工业出版社.

赵继勇, 刘振旺, 谢启超, 等. 2014. 鄂尔多斯盆地姬塬油田长7致密油储层微观孔喉结构分类特征. 中国石油勘探, 19(5): 73-79.

赵俊峰, 纪友亮, 陈汉林, 等. 2008. 电成像测井在东濮凹陷裂缝性砂岩储层评价中的应用. 石油与天然气地质, 29(3): 383-390.

赵孟军, 卢双舫. 2003. 库车坳陷两期成藏及其对油气分布的影响. 石油学报, 24(5): 16-21.

赵永刚, 潘和平, 李功强, 等. 2013. 鄂尔多斯盆地西南部镇泾油田延长组致密砂岩储层裂缝测井识别. 现代地质, 27(4): 934-940.

赵政璋, 杜金虎, 邹才能, 等. 2012. 致密油气. 北京: 石油工业出版社.

郑俊茂, 庞明. 1989. 碎屑储集岩的成岩作用研究. 武汉: 中国地质大学出版社.

郑荣才, 耿威, 周刚, 等. 2007. 鄂尔多斯盆地白豹地区长6砂岩成岩作用与成岩相研究. 岩性油气藏, 19(2): 1-7.

钟大康, 周立建, 孙海涛, 等. 2013. 鄂尔多斯盆地陇东地区延长组砂岩储层岩石学特征. 地学前缘, 2: 52-60.

钟淑敏, 綦敦科, 王秀娟. 2005. 应用常规测井资料识别砂泥岩储层裂缝方法. 大庆石油地质与开发, 24(1): 98-100.

周灿灿, 杨春顶. 2003. 砂岩裂缝的成因及其常规测井资料综合识别技术研究. 石油地球物理勘探, 38(4): 425-432.

周文, 戴建文. 2008. 四川盆地西部坳陷须家河组储层裂缝特征及分布评价. 石油实验地质, 30(1): 20-25.

周文, 张银德, 闫长辉, 等. 2009. 泌阳凹陷安棚油田核三段储层裂缝成因、期次及分布研究. 地学前缘, 16(4): 157-165.

周新桂, 操成杰, 袁嘉音. 2003. 储层构造裂缝定量预测与油气渗流规律研究现状和进展. 地球科学进展, 18(3): 398-404.

周兴熙. 2001. 库车油气系统成藏作用与成藏模式. 石油勘探与开发, 28(2): 8-14.

周永炳, 罗群, 宋子学. 2008. 岩石物理相评价参数统计预测模型及其应用. 大庆石油地质与开发, 27(2): 76-79.

周正龙, 王贵文, 冉冶, 等. 2016. 致密油储集层岩性岩相测井识别方法——以鄂尔多斯盆地合水地区三叠系延长组7段为例. 石油勘探与开发, 43(1): 61-68.

朱如凯, 高志勇, 郭宏莉, 等. 2007. 塔里木盆地北部白垩系—古近系不同段、带沉积体系比较研究. 沉积学报, 25(3): 325-331.

朱如凯, 邹才能, 白斌, 等. 2011. 全球油气勘探研究进展及对沉积储层研究的需求. 地球科学进展, 26(11): 1150-1161.

邹才能, 陶士振, 薛叔浩. 2005. "相控论" 的内涵及其勘探意义. 石油勘探与开发, 32(6): 7-12.

邹才能, 陶士振, 周慧, 等. 2008. 成岩相的形成、分类与定量评价方法. 石油勘探与开发, 35(5): 526-540.

邹才能, 陶士振, 袁选俊, 等. 2009. "连续型" 油气藏及其在全球的重要性: 成藏、分布与评价. 石油勘探与开发, 36(6): 669-682.

邹才能, 陶士振, 朱如凯, 等. 2009. "连续型" 气藏及其大气区形成机制与分布——以四川盆地上三叠统须家河组煤系大气区为例. 石油勘探与开发, 36(3): 307-319.

邹才能, 杨智, 陶士振, 等. 2012. 纳米油气与源储共生型油气聚集. 石油勘探与开发, 39(1): 13-25.

邹才能, 朱如凯, 吴松涛, 等. 2012. 常规与非常规油气聚集类型、特征、机理及展望——以中国致密油和致密气为例. 石油学报, 33(2): 173-187.

邹才能, 陶士振, 侯连华, 等. 2013. 非常规油气地质. 第二版. 北京: 地质出版社.

Ajdukiewicz J M, Lander R H. 2010. Sandstone reservoir quality prediction: The state of the art. AAPG Bulletin, 94(8): 1083-1091.

Aleta A. 2000. Mineralogical descriptions of the bentonite in Balamban, Cebu Province, Philippines. Clay Science, 11(3): 299-316.

Al-ramadan K, Morad S, Proust J N, et al. 2005. Distribution of diagenetic alterations in siliciclastic shoreface deposits within a sequence stratigraphic framework: Evidence from the upper Jurassic, Boulonnais, NW France. Journal of Sedimentary Research, 75: 943-959.

Amaefule J O. 1993. Enhanced reservoir description: Using core and log data to identify hydraulic (flow) unit and predict permeability in uncored intervals/well, 68th Annual SPE Conference and Exhibition, Houston.

Amccn M S, MacPherson K, Al-Marhoon M I, et al. 2009. Diverse fracture properties and their impact on performance in conventional and tight-gas reservoirs, Saudi Arabia: The Unayzah, South Haradh case study. AAPG Bulletin, 96(3): 459-492.

Bloch S, Lander R H, Bonnell L. 2002. Anomalously high porosity and permeability in deeply buried sandstone reservoirs: Origin and predictability. AAPG Bulletin, 86(2): 301-328.

Dutton S P, Loucks R D. 2010. Diagenetic controls on evolution of porosity and permeability in lower Tertiary Wilcox sandstones from shallow to ultradeep (200-6700m) burial, Gulf of Mexico Basin, U.S.A. Marine and Petroleum Geology, 27: 69-81.

Ehrenberg S N, Jakobsen K G. 2001. Plagioclase dissolution related to biodegradation of oil in Brent Group sandstones (Middle Jurassic) of Gullfaks Field, northern North Sea. Sedimentology, 48: 703-721.

Fossen H, Schultz R A, Shipton Z K, et al. 2007. Deformation bands in sandstone: A review. Journal of the Geological Society, 164: 755-769.

Grigsby J D. 2001. Origin and growth mechanism of authigenic chlorite in sandstones of the Lower Vicksburg Formation, South Texas. Journal of Sedimentary Research, 71(1): 27-36.

Hennings P. 2009. AAPG-SPE-SEG Hedberg research conference on "The Geologic Occurrence and Hydraulic Significance of Fractures in Reservoirs". AAPG Bulletin, 93(11): 1407-1412.

Higgs K E, Zwingmann H, Reyes A G, et al. 2007. Diagenesis, porosity evolution, and petroleum emplacement in tight gas reservoirs, Taranaki basin,New Zealand. Journal of Sedimentary Research, 77: 1003-1025.

Hooker J N, Gale J F W, Gomez L A, et al. 2009. Aperture-size scaling variations in a low-strain opening-mode fracture set, Cozzette Sandstone, Colorado. Journal of Structural Geology, 31: 707-718.

Jin Z J, Yang M H, Lu X X, et al. 2008. The tectonics and petroleum system of the Qiulitagh fold and thrust belt, northern Tarim basin, NW China. Marine and Petroleum Geology, 25: 767-777.

Kumar A, Kear G R. 2003. Lithofacies Classification Based On Spectral Yields and Borehole Microresistivity Images. Transactions-Gulf Coast Association of Geological Societies, 53: 434-442.

Lai J, Wang G W, Chai Y, et al. 2015. Depositional and diagenetic controls on reservoir pore structure of tight gas sandstones: Evidence from Lower Cretaceous Bashijiqike Formation in Kelasu Thrust Belts, Kuqa Depression in Tarim Basin of West China. Resource Geology, 65(2): 55-75.

Lai J, Wang G W, Ran Y, et al. 2015. Predictive distribution of high quality reservoirs of tight gas sandstones by linking diagenesis to depositional facies: Evidences from Xu-2 sandstones in Penglai area of central Sichuan basin, China.Journal of Natural Gas Science and Engineering, 23: 97-111.

Lai J, Wang G W, Chai Y, et al. 2016. Prediction of diagenetic facies using well logs: Evidences from Upper Triassic Yanchang Formation Chang 8 sandstones in Jiyuan Region, Ordos Basin, China. Oil & Gas Science and Technology, 71(2): 1-23.

Laubach S E. 2003. Practical approaches to identifying sealed and open fractures. AAPG Bulletin, 87(4): 561-579.

Laubach S E, Olson J E, Gross M R. 2009. Mechanical and fracture stratigraphy. AAPG Bulletin, 93(11): 1413-1426.

Law B E. 2002. Basin-centered gas systems. AAPG Bulletin, 86(11): 1891-1919.

Mansurbeg H, DeRos R L F, Morad S, et al. 2012. Meteoric-water diagenesis in late Cretaceous canyon-fill turbidite reservoirs from the Espírito Santo Basin, eastern Brazil. Marine and Petroleum Geology, 37: 7-26.

Matzos V F, Luiz F D R, Gomes N S. 1995. Carbonate cementation patterns and diagenetic reservoir facies in the Campos Basin Cretaceous turbidites, offshore eastern Brazil. Marine and Petroleum Geology, 12(7): 741-756.

Mckinley J M, Atkinson P M, Lloyd C D, et al. 2011. How porosity and permeability vary spatially with grain size, sorting, cement volume, and mineral dissolution in fluvial Triassic sandstones: The value of geostatistics and local regression. Journal of Sedimentary Research, 81: 844-858.

Midtbø R E A, Rykkje J M, Ramm M. 2000. Deep burial diagenesis and reservoir quality along the eastern flank of the Viking Graben: Evidence for illitization and quartz cementation after hydrocarbon emplacement. Clay Minerals, 35: 227-237.

Ochoa R I, Bowen B B, Rupp J. 2010. Porosity characterization and diagenetic facies analysis of the Mount Simon sandstone, Illinois basin: implications for a regional CO_2 sequestration reservoir. Geological Society of America Denver Annual Meeting, 42(5): 1-114.

Olson J E, Laubach S E, Lander R H. 2009. Natural fracture characterization in tight gas sandstones: Integrating mechanics and diagenesis. AAPG Bulletin, 93(11): 1535-1549.

Ortega O J, Marrett R, Laubach S E. 2006. A scale-independent approach to fracture intensity and average fracture spacing. AAPG Bulletin, 90(2): 193-208.

Ozkan A, Cumella S P, Milliken K L, et al. 2011. Prediction of lithofacies and reservoir quality using well logs, Late Cretaceous Williams Fork Formation, Mamm Creek field, Piceance Basin, Colorado. AAPG Bulletin, 95(10): 1699-1723.

Pan B Z, Xue L F, Huang B Z. 2008. Evaluation volcanic reservoirs with "QAPM mineral model" using genetic algorithm. Applied Geophysics, 5(1): 1-8.

Prioul R, Donald A, Koepsell R, et al. 2007. Forward modeling of fracture-induced sonic anisotropy using a combination of borehole image and sonic logs. Geophysics, 72(4): 135-147.

Sava D, Mavko G, Sayers C M. 2007. Rock physics-based integration of geological and geophysical data for fracture characterization; fractures. The Leading Edge, 26: 1140-1146.

Serra O. 1979. Diagraphies differees. bases de L'interpretation. I: Acquisition des donnees diagraphiques. Paris : Schlumberger Technical Services Inc.

Serra O. 1992. Diagraphies Differees (in Chinese). Xiao Y Y translation. Beijing: Petroleum Industry Press.

Slone J C, Mazzullo J M. 2000. Lithofacies, stacking patterns, and depositional environments of the Permian Queen Formation, Sterling and Glasscock Counties, Texas. West Texas Geological Society: 63, 64.

Spain D R. 1992. Petrophysical evaluation of a slope fan/basin floor fan complex: Cherry Canyon Formation, Ward County, Texas. AAPG Bulletin, 76(6): 805-827.

Tang X M, Chen X L, Xu X K. 2012. A cracked porous medium elastic wave theory and its application to interpreting acoustic data from tight formations. Geophysics, 77(6): 245-252.

Tanguay L H, Friedman G M. 2001. Petrophysical facies of the Ordovician Red River Formation, Williston Basin. Carbonates and Evaporites, 16(1): 71-92.

Walderhaug D, Eliassen A, Aase N E. 2012. Prediction of permeability in quartz-rich sandstones: Examples from the Norwegian continental shelf and the Fontainebleau sandstone. Journal of Sedimentary Research, 82: 899-912.

Wilson A O. 1985. Depositional and diagenetic facies in the Jurassic Arab-C and -D reservoirs, Qatif Field, Saudi Arabia // Roehl P O, Choquette P W. Carbonate Petroleum Reservoirs. New York: Springer: 319-340.

Zeng L B, Wang H J, Gong L, et al. 2010. Impacts of the tectonic stress field on natural gas migration and accumulation: A case study of the Kuqa Depression in the Tarim Basin, China. Marine and Petroleum Geology, 27: 1616-1627.

Zeng L B, Su H, Tang X M, et al. 2013. Fractured tight sandstone oil and gas reservoirs, A new play type in the Dongpu depression, Bohai Bay Basin, China. AAPG Bulletin, 97(3): 363-377.